知っていることの9割はもう古い！
理系の新常識

現代教育調査班〔編〕

青春新書
PLAYBOOKS

はじめに――世界は未発見であふれている

毎日同じ事の繰り返しでつまらないと感じたことはないだろうか。そんなときは、世界の見方を少し変えてほしい。私たちの見ている景色がこの世界のすべてだろうか。

２０１１年に発表されたカナダのダルハウジー大学とハワイ大学の合同研究チームの論文によると、現在地球上には約８７０万種類の生物が存在しているという。ところが、現在私たち人間はわずか１２０万種類程度の生物しか発見していない。

つまり、地球上に存在する生物の約９割は未発見の生物なのだ。これからも、新しい生物がどんどん発見されていくだろう。

これは、自然界だけの問題ではない。宇宙のことも、私たち人間自身のことも同様だ。宇宙において太陽系はわずか一部分にすぎないし、がんの治療法だってまだまだ確立されているわけではない。ときには、スマートフォンのような新技術により世界が大きく変わることだってある。

私たちには普段見えていないだけで、世界は未発見な物事であふれている。そして、世界中の科学者たちは常に新発見をしているのだ。

本書では、そんな新発見によって明らかになった理系に関する新常識の一部を紹介する。その中には、私たちが当たり前だと思っていた常識を覆すものもたくさんあるだろう。

常識は常に変わっていく。古い常識の中に囚われていたのでは、間違った知識を持ったまま日常生活を過ごすことになりかねない。本書で理系に関する常識をアップデートしてみてはいかがだろうか。

本書は、今まで理系の学問に携わってこなかった人たちにもわかりやすいように執筆した。そんな人たちが、世界には面白いことがまだまだたくさんあるのだと感じてくれたのであれば、こんなに嬉しいことはない。

現代教育調査班

1章 自然界の新常識

❷章 人間の新常識

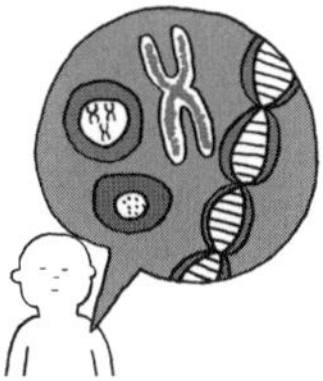

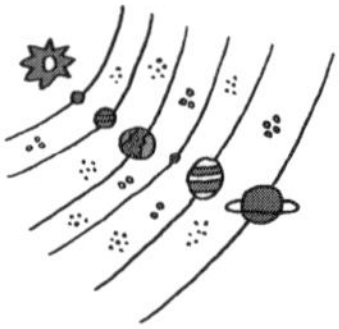

❸章 宇宙の新常識

❹章 技術の新常識

5章 物理学の新常識

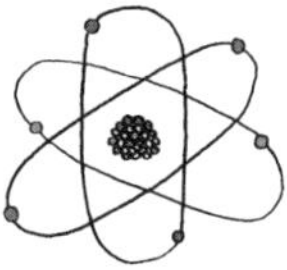

カバー・章扉イラスト▼matsu（マツモト　ナオコ）
本文デザイン・DTP▼伊延あづさ（アスラン編集スタジオ）
図版制作▼伊延あづさ・佐藤純・吉村堂（アスラン編集スタジオ）
編集協力▼青木啓輔（アスラン編集スタジオ）

1章

自然界の新常識

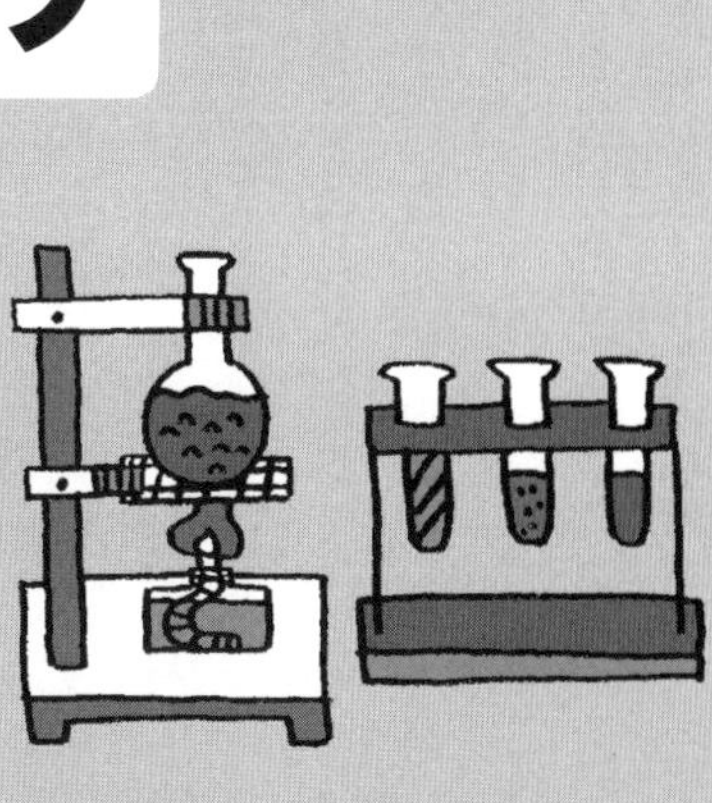

地球の奥深くには大量のダイヤモンドが眠っている

天然で最も硬い物質

ダイヤモンドは炭素の同素体で、天然に存在する中では最も硬い物質だと言われている。1年で20～30トンほどしか採掘できないため、世界で最も貴重な鉱質の一つだ。

そんなダイヤモンドだが、実は地球に大量に存在していることが判明している。マサチューセッツ工科大学やハーバード大学などの合同研究チームは地震音波の速度を分析した。地震音波は鉱物の密度など、地中に存在する物質や状態によって速度が変わるため、地震音波の速度変化を分析することで地中奥深くの状態を調べることができるのだ。

その分析の結果、「クラトンの根」という地殻からマントルに向かって延びている岩石の内部からダイヤモンドが検出された。ダイヤモンド内の音速は、マントルの主要鉱物であるかんらん石の約2倍だと言われている。今回、クラトンの根の中で検出された音速変化を実現するためには、岩石の中にダイヤモンドが1～2％含まれていなければいけないことが明らかになった。

たったの2%と思われるかもしれないが、その量は1000兆トンを超える。従来考えられているより、はるかに大量のダイヤモンドの存在が確認されたのだ。

ダイヤモンドの価値は下がらない？

ダイヤモンドが大量に存在するとなると、ダイヤモンドは希少なものではなくなり、その価値が暴落してしまうと想像するかもしれない。だが、今のところそうした心配は無用のようだ。これらのダイヤモンドは地下145〜241キロととても奥深くに存在するため、現在の技術では採掘することが非常に困難だからだ。

もし、採掘技術が大きく進化すればダイヤモンドの価値が下がってしまう可能性もあるが、当面そのようなことはないだろう。

パンの生地にも学習能力がある⁉

「パブロフの犬」とは何か

ロシアの生理学者イワン・パブロフが1902年に行った、「パブロフの犬」という有名な実験がある。犬のほおに手術をして管を通し、唾液の分泌量を調べるという実験だ。犬にはベルを鳴らす度に餌を与え続ける。犬は餌を食べるときに唾液を出すため、餌を与える度に分泌量が増えるという結果になった。

この実験を続けた後、ベルを鳴らすだけで餌を与えなくても犬の唾液の分泌量が増えたというのだ。これは、犬がベルが鳴るという現象に対して、唾液を出すという反射をするよう学習したのである。

パンも電気ショックを覚える？

この実験と結果についてはよく知られているが、カナダのオンタリオ州にあるローレンシャン大学で衝撃的な実験が行われた。実験したのは材料学者のニコラ・ルーロー博士を中心とした研究グループで、パンの生地に学習能力があることを証明したのだ。

彼らは小麦粉と水、少量のレモン果汁、塩、植物油を用いて通常のパン生地を作成した。そして、そのパン生地の隣でLEDライトを用意した。LEDライトを発光し、その度に電気ショックを与えると、パンの生地の周波数特性（スペクトル密度）に大きな変化が見られたそうだ。

周波数とは、電流がプラスとマイナスの方向に向きを変えながら単位時間に振動する回数のこと。周波数特性とは、この周波数と物理量との関係のことだが、これが電気ショックによって変化したというのだ。

ただし、問題はその後だ。LEDライトを発光する度に電気ショックを与え続けた後、そのままLEDライトのみ発光し、電気ショックを与えないという実験を行った。すると、電気ショックを与えていないにもかかわらず、電気ショックを与えたときと同じスペクトル密度に変化したのだ。

当然、電気ショックを一度も与えていないパンの生地にLEDライトを発光させてもスペクトル密度に変化はなかった。つまり、パンの生地がＬＥＤライトの発光という現象と電気ショックを結びつけて学習した結果、ＬＥＤライトが発光する度にスペクトル密度が自動的に変化したものと考えられる。

今回の実験結果についてルーロー博士は、「条件づけられた反応は単純な物質に備わりやすい」と語っている。ただし、どのような原理でパンの生地が学習したかについては依然として謎のままだ。

ルーロー博士は細胞の構造に変化が起こっているのではないかと推察している。もし細胞にも同様の学習能力があるとすると、学習そのものに関しての新たな発見になるかもしれない。

技術革新で遺伝子を思うとおりに操作できるようになった

ゲノム編集のハードルが大きく下がった

遺伝子操作の世界で大幅な技術革新が起こり、ゲノム編集という画期的な技術が生まれた。ゲノム編集が本格的に広まるきっかけとなったのが、2012年にカリフォルニア大学のジェニファー・ダウドナ博士らが発表した「クリスパー・キャス9」という技術だ。

細菌にはウイルスの感染を防ぐために、「クリスパー」というDNAの配列がある。ウイルスのDNAを一部取り込んでおり、もし同じウイルスに感染した場合は、その配列を印として「キャス9」という酵素でウイルスのDNAを切断しているのだ。

ダウドナ博士らはこれをゲノム編集に応用することを考えたのである。「ガイドRNA」という核酸を使い、遺伝子操作をしたいDNAの配列を探し出す。そして、「キャス9」

という酵素でＤＮＡを切断するのだ。

ＤＮＡは切断されると、修復を試みる性質がある。その過程で新たに導入したいＤＮＡ断片を入れることで、そのＤＮＡ断片を取り込んでしまうのだ。

ＲＮＡとキャス９を用意するだけで、遺伝子工学を学んだ者であれば、これまでとは比較にならないほど簡単にゲノム編集ができるようになり、世界中で瞬く間に広まっていったのである。

遺伝子組み換えとの違い

遺伝子を操作する技術で今まで主流だったのが、「遺伝子組み換え」という技術だ。遺伝子組み換えも種を超えて新たな遺伝子を挿入する技術であり、１９７０年代に登場してから、今まで成果を上げてきていた。

では、遺伝子組み換えとゲノム編集ではどのような違いがあるのか。一番大きな違いは狙い通りに遺伝子を変えることができるかどうかである。

遺伝子組み換えは、実は運に頼った技術でもある。狙い通りのところに遺伝子を組み込

●遺伝子組み換え

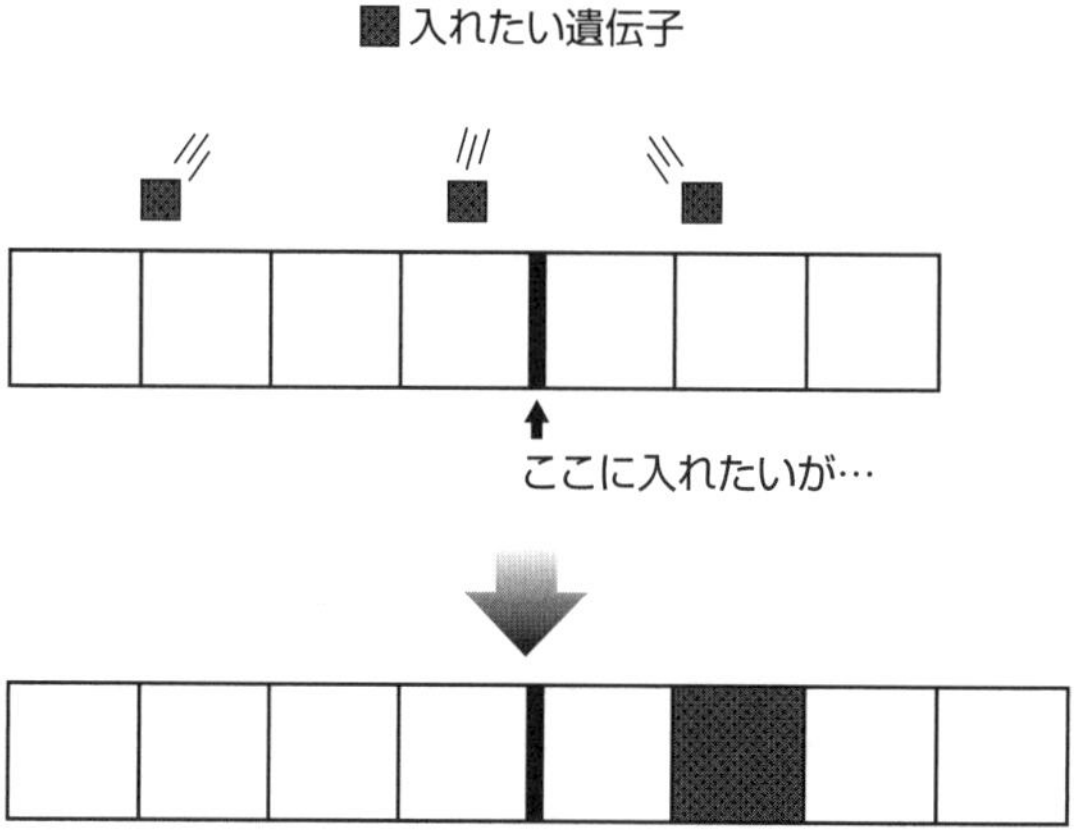

狙い通りのところに入らないため
何度も試行錯誤を重ねる必要がある

●ゲノム編集

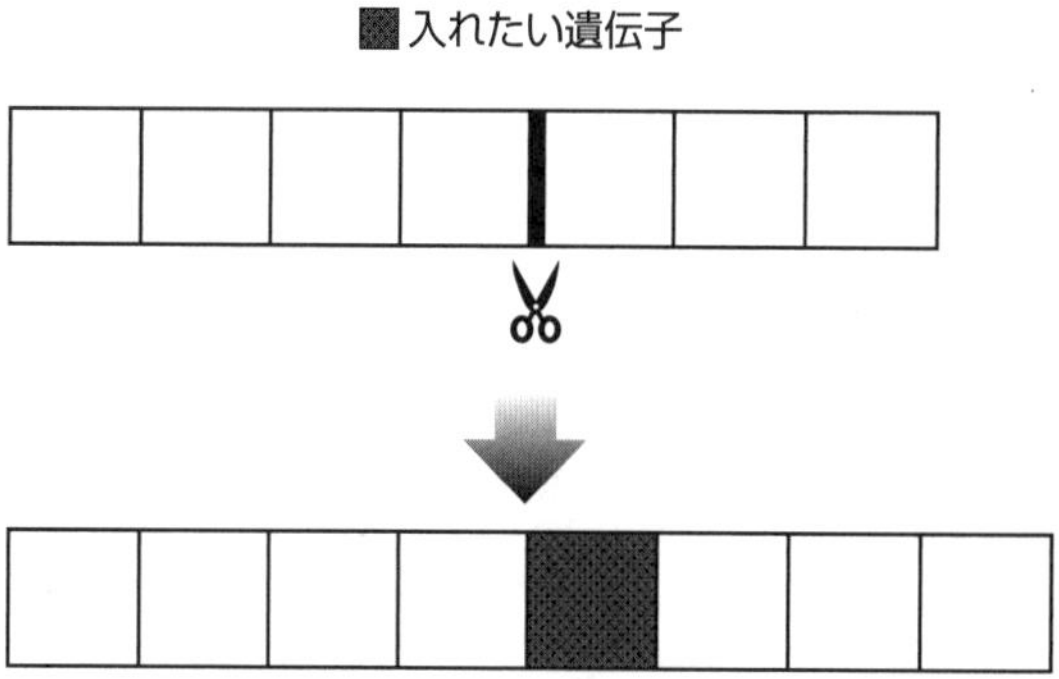

狙い通りに入れられる

むというコントロールができないため、入れたい遺伝子を組み込む作業を何万回も繰り返し、たまたまうまくいったものを選ぶ必要があった。

しかし、ゲノム編集は文字通り遺伝子を「編集」することができる技術であり、狙い通りのところに遺伝子を組み込むことができる。成功率もかなり高く、何百回も何千回も繰り返す必要はないのである。

ゲノム編集は医学の発展を促す画期的な技術だと言われているが、倫理上の問題を引き起こすことにもつながるため、当然ながら慎重に扱う必要がある。２０１８年、中国の学者が「世界初のゲノム編集ベビーを誕生させた」と主張した際には、世界中から非難の声があがった。

人間の受精卵へのゲノム編集については、多くの科学者が行うべきではないという見解を述べている。もはや科学者だけの問題ではなく、すべての人々がこの問題について見解をもっておくべきかもしれない。

「金属を身につけていると落雷に遭いやすい」は迷信だった

金属は雷から身を守ってくれる

「雷が鳴っているときに金属を身につけていると危ない」という話を聞いたことはないだろうか。実は、この話は迷信だということが明らかになっている。金属を身につけていようといまいと、落雷の確率は変わらないというのだ。

落雷の確率は変わらなくても、いざ落雷したときに電気が通りやすい金属を身につけているのはやはり危ないと感じるかもしれない。しかし、むしろ金属を身につけていた方が身の危険を回避できることも明らかになったのだ。

2009年、イギリスの14歳の少女が落雷の被害に遭った。ところが、彼女は火傷や鼓膜の破裂を伴ったものの、心臓などの臓器に損傷はなく命に別状はなかった。彼女を救ったのが、金属でできた音楽プレイヤーだったという。少女を直撃した雷は、より電流を通しやすいイヤホンを通じて音楽プレイヤーへと流れていったのである。

もし彼女が音楽プレイヤーを身につけていなければ、命を落としていた可能性が高いという。むしろ金属を身につけていた方が生存率は上がるということだ。

一見、ゴム長靴やレインコートのような絶縁体の方が安全に思えるが、これらは3億ボルトもの雷には耐えられないという。実際、落雷を受けたレインコートやゴム靴はボロボロになってしまったそうだ。

雷との距離は安心材料にはならない

雷が起こるときは、稲妻が光ってから時間を置いて雷鳴が響くことが多い。これは、自分の場所と雷との間に距離があり、光と音の伝わる速さに差があるからだ。

光は秒速約30万キロと言われており、雷が起こってすぐに稲妻を観測できる。しかし、音は秒速340メートルでしか進まないため、雷との距離が開けば開くほど、雷鳴が届くのは遅くなるのである。

このことから、雷鳴が遅れて聞こえてくるときは、まだ雷と距離があるため安全であると言われることもあるが、これも間違っている。

たしかに、雷鳴が遅れたということは、そのとき落ちた雷との距離が開いているのは事実だろう。しかし、雷が次も同じ場所に落ちるとは限らない。

雷鳴が稲妻に比べて15秒遅れると、距離としては雷と5キロ離れていることになる。一見、安心できる状況に見えるが、雷が次にどこに落ちてくるかはわからない。5キロ先の自分のところに雷が落ちてくる可能性も十分考えられるのだ。

雷雲を発見したら、金属などは身につけたままでいいので、まずは安全な場所に逃げることが先決。特に、車や電車の中であれば、雷が車体の表面から地面へと流れてくれるため、非常に安全だと言われている。

ｉＰＳ細胞の応用はどこまで進んでいるのか

山中伸弥教授がノーベル賞を受賞

２０１２年、京都大学の山中伸弥教授がノーベル生理学・医学賞を受賞した。これは、２００６年に山中教授がｉＰＳ細胞を開発したことを称えたものだ。ｉＰＳ細胞とは、人間の体細胞に少数の因子を導入して培養することで、さまざまな組織や臓器の細胞に分化する能力を持つ細胞だ。

開発のきっかけは再生医療や新しい薬の開発のため。再生医療とは、病気やケガで失われた臓器を再生すること。再生医療の研究自体は何十年も前から行われており、１９８１年にはケンブリッジ大学のマーティン・エバンス氏がＥＳ細胞をつくり、１９９８年にはウィスコンシン大学のジェームズ・トムソン教授がヒトＥＳ細胞の開発に成功した。

ＥＳ細胞は不妊治療などで使用されなかった廃棄予定の受精卵を用いることで、人間のあらゆる組織や臓器をつくりだす技術のことだ。ただし、受精卵を壊すということに倫理的に抵抗を持つ人も多く、国によっては厳しい規制がかけられていることも珍しくない。しかし、iPS細胞は皮膚や血液から取れるため、倫理的にも問題はない。

またES細胞の場合、他人のES細胞から組織や臓器の細胞を移植するため、拒絶反応を起こしてしまうこともある。iPS細胞は自分の体内から採取できるので、拒絶反応が起こりにくいのだ。

iPS細胞で角膜がつくれる？

iPS細胞を使った再生医療はまだ実用化に向けて治験（臨床試験）が繰り返されている段階だが、加齢でものが見えにくくなる「加齢《かれい》黄《おう》斑《はん》変性《へんせい》」やパーキンソン病など、さまざまな分野で応用が期待されている。最近注目されている研究の一つが、iPS細胞を使った角膜移植手術だ。

角膜とは、目の中央に存在する直径11ミリ、厚さ0・5ミリ程度の透明な膜のこと。病気やケガで角膜が傷ついてしまうと、最悪の場合は失明の恐れもある。

社会が高齢化するにつれて目の疾患にかかって失明する患者が増えているが、現在の角膜移植手術では拒絶反応やドナー角膜が不足しているため、すべての人が角膜移植手術を受けられる状態ではない。

そこで、大阪大学の西田幸二教授の研究チームは、iPS細胞で角膜の細胞をつくり、移植させる実験を行うことを提唱している。iPS細胞であれば自分の体内から摂取できるため、拒絶反応は起こらない可能性が高い。

現在、西田教授のチームは厚生労働省にこの臨床実験の承認を申請している。もし承認が得られて角膜移植手術にiPS細胞を応用できれば、光を失った人に大きな希望となるだろう。

動物の体内で人間の臓器をつくれる時代に

マウスの膵臓をラットの体内でつくる

東京大学医科学研究所の中内啓光特任教授らは、iPS細胞を用いてマウスの膵臓をラットの体内でつくる実験を行った。マウスとラットは同じネズミ科だが、異なる種として実験では使われている。マウスはハツカネズミを品種改良した実験動物だが、ラットはドブネズミを品種改良した実験動物である。

まず、中内教授らは膵臓をつくる遺伝子を持っていないラットの胚盤胞《はいばんほう》を用意した。胚盤胞とは受精卵が5日ほど成長したものだ。その胚盤胞に正常なマウスのiPS細胞を入れて母親ラットの子宮に戻したところ、マウスの膵臓を持ったラットが生まれた。つまり、マウスの膵臓をラットの体内でつくることができたのだ。

次に、この方法でつくった膵臓をマウスに移植できるかどうかを実験した。膵臓の内部にはランゲルハンス島という細胞群があるので、ラットのランゲルハンス島を糖尿病のマウスへと移植したのである。すると、特に拒否反応も起こらず、血糖値が下がっていくことがわかったのだ。

人間の膵臓をブタの体内でつくる？

同じ手法を使うことで、人間の糖尿病を治すことができるかもしれないと研究が進んでいる。ブタの胚盤胞に人間のｉＰＳ細胞を注入することで、ブタの体内に人間の臓器をつくるという研究計画を前出の中内教授は申請するという。

これまで人間の臓器を持つ動物の作成は禁止されていたが、２０１８年10月に文部科学省が改正案をまとめ、基礎研究や創薬に限り、人間の臓器を持つ動物をつくる研究が認められることになった。

まだ、臓器を人間に移植することは禁じられており、未知の感染症や生命倫理の問題もある。しかし、もしこの研究で人間の臓器をつくれるようになり、問題なく移植することができるようになれば、医療に革命的な進歩をもたらすだろう。

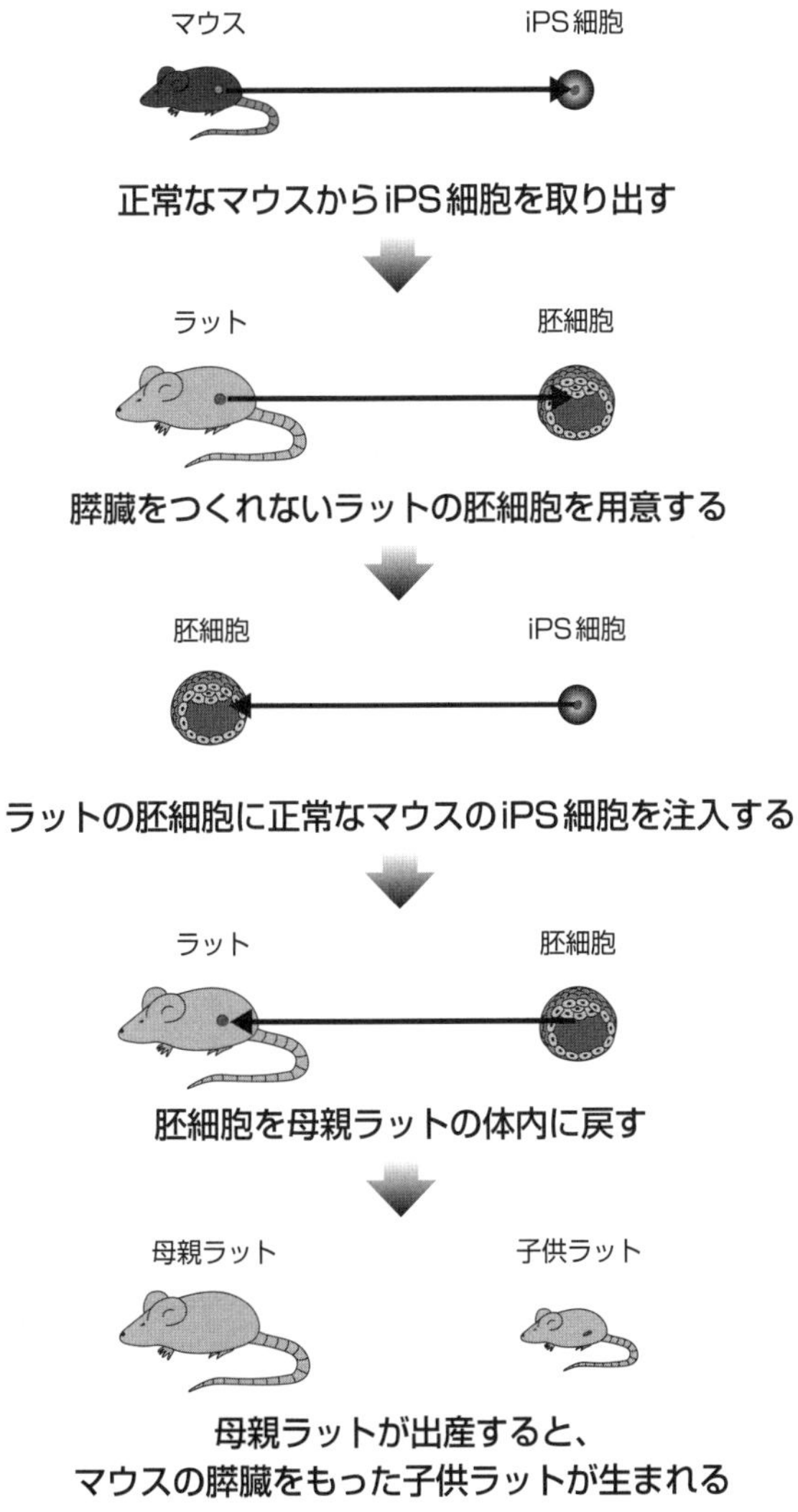
マウス
iPS細胞
正常なマウスからiPS細胞を取り出す
ラット
胚細胞
膵臓をつくれないラットの胚細胞を用意する
胚細胞
iPS細胞
ラットの胚細胞に正常なマウスのiPS細胞を注入する
ラット
胚細胞
胚細胞を母親ラットの体内に戻す
母親ラット
子供ラット
母親ラットが出産すると、
マウスの膵臓をもった子供ラットが生まれる

鳥インフルエンザは人工的につくれる？

世界中で大流行したウイルス

鳥インフルエンザは、その名の通り鳥同士で感染するインフルエンザウイルスのことだ。感染した鳥などに接触した場合、まれに人間にも感染することがある。人間に感染した場合の死亡率は約60%と非常に高い。ただし、現在は鳥インフルエンザが人間から人間に感染することはほとんどないため、鳥との濃厚接触を避けていれば問題はない。

鳥インフルエンザ自体は１８００年代から存在が確認されていたが、２００４年に大流行したため世界中で大きな問題となった。ＷＨＯ（世界保健機関）は、２００５年に鳥インフルエンザが変異して新型ヒトインフルエンザ（人間から人間に感染するインフルエンザ）になった場合、パンデミック（世界的な流行）を起こし、最大で5億人が死亡する可能性があると試算している。

人工的にウイルスを作成？

このように、人間に大きな危害を与える可能性のある鳥インフルエンザだが、2011年、オランダのロン・フォーチア博士が、遺伝子操作でより強力な鳥インフルエンザウイルスを生成したと発表した。この新種のウイルスは空気感染により伝播するという。

フォーチア博士の研究チームは、ウイルスの遺伝子を操作し5つの変異種をつくりだした。それをフェレットに感染させ、そのフェレットの鼻を拭くことで別のフェレットに感染させる。この作業を10回以上繰り返すと、今まで接触しなければ感染しなかったはずのウイルスの感染能力が強化され、直接ウイルスを付着させなくても4匹中3匹は空気感染するようになったというのだ。

この新種ウイルスが人間に感染するかどうかはまだ確認されていないが、もし人間に感染するようであれば、パンデミックを引き起こす可能性がある。そのため、この研究には多くの非難が寄せられた。未知のウイルスは使い方によっては兵器にもなりうるため、作成を禁じるルールが必要なのかもしれない。

「過労死するアリ」の存在が明らかになった

働かないアリが存在する理由

イタリアの経済学者ヴィルフレド・パレートが提唱した、「パレートの法則」という有名な法則がある。利益の大部分をもたらすのは、どんな組織でもたった2割程度の人間だという法則だ。そして、その利益をあげていた2割の人間を組織から除くと、またその中の新たな2割の人間が利益をあげてくれるという。

その後、この法則はアリにも適用できるのではないかと言われていたが、科学的に実証されていたわけではなかった。そこで、北海道大学の長谷川英祐准教授がその法則が正しいのかどうかを調べるため、人工的に複数のシワクシケアリの巣をつくって観察した。

長期間観察した結果、どの巣でも2～3割のアリはほとんど労働していないことが明らかになった。そして、片方の巣からよく働くアリを30匹、もう片方の巣から働かないアリを30匹取り出し、それぞれの巣に移し替えても、結局働かないアリの割合はどの巣も同じ程度の割合に収束するというのだ。

このように働かないアリが発生してしまうのは、「反応閾値《はんのういきち》」が個体によって違うからだという。反応閾値とは、仕事を始めるための「腰の軽さ」のこと。たとえば、部屋が汚かった場合、掃除を真っ先に始めるのは一番きれい好きの人たちだろう。その人たちが掃除してしまうため、それ以外の人は掃除する必要がない。

しかし、もしその一番きれい好きの人たちがいなくなってしまうと、部屋がもっと汚くなってから、その集団の中で次にきれい好きな人たちが掃除を始めるはずだ。同じ現象がアリの世界でも起こっているのである。


このように働かないアリが発生するのは、アリが疲労することと関係しているという。もし、すべてのアリが働いてしまうと、すべてのアリが疲れて動けなくなるときが訪れてしまう。すると、卵の世話がうまくいかずにアリが全滅してしまう恐れもある。

働かないアリがいることは、働いているアリが疲れてしまったときのためのリスクヘッジになる。短期的に見ると、働かないアリがいることで損害が発生しているように見えるが、アリが絶滅しないためには必要なシステムなのだ。

働かない遺伝子を持ったアリの存在

このように、シワクシケアリでは集団の一部が働かないアリになることが明らかになったが、2013年には遺伝的に働かないアリの存在が、琉球大学教授の辻和希氏や京都大学の土畑重人氏の共同研究によって明らかになった。

辻教授らはアミメアリという種類のアリに注目した。アリは通常、女王アリと働きアリに分かれており、女王アリが産卵、働きアリが餌を運ぶというように、役割が分かれている。しかし、アミメアリに女王アリは存在せず、全員が卵を産んで、みんなで助け合いながら餌を運び分け合ったり、卵の世話をしたりしている。

ところが、アミメアリの中にはまったく働かないアリが存在するという。しかも、この働かないという気質は、遺伝で子供に受け継がれるというのだ。働かないアリはエネルギーが余っているため、通常のアリより多くの卵を産み続ける。その分、働いているアリは多くの労働を強いられることになり、最終的には過労死するアリが発見された。

働くアリと働かないアリを分け、働かないアリが過半数を占める巣をつくると、餌もなく巣も手入れされないため、たちまちアリは絶滅してしまうという。

シワクシケアリの場合は、そのようなグループをつくっても結局、他のグループと同じように働くアリが出現するが、アミメアリの場合は遺伝的に働かないことが決まっているということだ。

つまり、アミメアリの働かないアリは、働くアリにすべてを任せているただの役立たずということになる。本来、そのような役立たずのアリは淘汰されるはずだが、なぜかアミメアリの世界では働くアリが過剰に働くことで、働かないアリの存在による損失を埋めようとする。さらに、そのような重荷を背負いながらアミメアリはすでに1万年以上も生き残っているというのだ。

働かない遺伝子のアリが存在する理由は依然として明らかになっていないが、この存在を容認する働きアリのことを研究することで、人間社会における「寛容さ」について明らかになるのではないかと土畑氏は推測している。

地球の歴史に「千葉時代（チバニアン）」が誕生

日本の地名が地質時代に

地球誕生から現在までの46億年を地質学的な手法で区切ったものを地質時代と呼ぶ。大きく分けて、先カンブリア時代、古生代、中生代、新生代に分けられ、さらに細かく１００以上の時代に分類することができる。

地質時代の約77万年前から12万６０００年前の時代の基準地として、千葉県市原市田淵の養老川沿いにある「千葉セクション」と呼ばれる地層を国際地質科学連合に申請した。

一次審査では、他にイタリアが「イオニアン」の年代名を目指して南部２カ所の地層を申請していた。イタリアと日本が競合した結果、投票で見事イタリアを破ったのである。

千葉セクションとイタリアの差は磁場逆転の現象を示すデータだ。

年代の境界となる約77万年前は、地球の磁気が南北で逆転する現象が最後に起きたことで有名だ。地質時代は、年代の境界が最もよくわかる地層が世界の基準地として選ばれる。

<table>
<tr><td>冥王代</td><td></td><td></td><td></td></tr>
<tr><td>始生代</td><td></td><td></td><td></td></tr>
<tr><td>原生代</td><td></td><td></td><td></td></tr>
<tr><td rowspan="6">古生代</td><td>カンブリア紀</td><td></td><td></td></tr>
<tr><td>オルドビス紀</td><td></td><td></td></tr>
<tr><td>シルル紀</td><td></td><td></td></tr>
<tr><td>デボン紀</td><td></td><td></td></tr>
<tr><td>石炭紀</td><td></td><td></td></tr>
<tr><td>ペルム紀</td><td></td><td></td></tr>
<tr><td rowspan="3">中生代</td><td>三畳紀</td><td></td><td></td></tr>
<tr><td>ジュラ紀</td><td></td><td></td></tr>
<tr><td>白亜紀</td><td></td><td></td></tr>
<tr><td rowspan="10">新生代</td><td rowspan="3">古第三紀</td><td>暁新世</td><td></td></tr>
<tr><td>始新世</td><td></td></tr>
<tr><td>漸新世</td><td></td></tr>
<tr><td rowspan="2">新第三紀</td><td>中新世</td><td></td></tr>
<tr><td>鮮新世</td><td></td></tr>
<tr><td rowspan="5">第四紀</td><td rowspan="4">更新世</td><td>ジェラシアン</td></tr>
<tr><td>カラブリアン</td></tr>
<tr><td>チバニアン</td></tr>
<tr><td></td></tr>
<tr><td>完新世</td><td></td></tr>
</table>

イタリアはそのデータが不十分だったのに対し、千葉セクションは明確に磁場逆転を確認できることが評価された。

チバニアンという時代が生まれる？

投票の結果、千葉セクションが基準値となり、その時代のことをラテン語で「千葉時代」を意味するチバニアンと命名することになった。これまでは、地質時代は欧州の名前が多かったが、初めて日本が地質時代の一つを名づけることになったのだ。

チバニアンは「第四紀更新世」の中期に当たり（39ページの図参照）、氷期と間河期の繰り返しの時期で、ネアンデルタール人やマンモスなどが生息していたようだ。

しかし、実はまだチバニアンという時代が生まれることが確定したわけではない。通常、1次審査を通れば時代として認定される可能性は非常に高いが、チバニアンの場合、国内の団体からデータのねつ造を疑う声も出ている。不正の有無は2次審査以降に判断される。最終的に審査は4次まで行われ、もし順調にいけば2019年に承認される。

偽の記憶を植えつけられることが判明する

マウスに偽の記憶を植えつけられた

私たちは、記憶を元に自分自身の存在を認識している。しかし、記憶違いを起こしていたという経験は誰しもあるだろう。最新の研究では、記憶がアテにならないどころか、偽の記憶を植えつけることもできることが明らかになった。

理化学研究所とマサチューセッツ工科大学の研究チームは、脳細胞を光で操る「オプトジェネティクス（光遺伝学）」という技術を研究している。特定の記憶が刻まれたマウスの脳細胞に青い光を当てることで、その記憶が活性化されるという仕組みだ。そして、この仕組みを使うことで偽の記憶を植えつけるのである。

まず、マウスを安全な箱Aに入れたあと、光に反応すると箱Aで過ごしたことを思い出すように脳細胞を操作した。次の日は箱Bに入れたあと、足に刺激を加えた。それと同時に光を当てることで、箱Aの記憶を活性化させたのだ。

そして3日目に初日の箱Aにマウスを入れると、この箱では刺激を受けていないにもかかわらず、恐怖するようになってしまった。箱Aの記憶を活性化させながら刺激を受けることで、実際に箱Aで刺激を受けたという偽の記憶をつくり上げてしまったのだ。

会っていないはずのバニーとの記憶

これはマウスの例だが、人間でも同様に偽の記憶を植えつけることができる。しかも、特に特殊な機械を使う必要もなさそうだ。

2002年、ハーバードビジネススクールのキャリス・ブラウンは、広告が虚偽の記憶を生み出すかどうかの実験を行った。子どものころディズニーリゾートに行ったことがある被験者を二つに分け、一方には「ディズニーに行ったのであればミッキーと握手したはずだ」という広告を読ませた。その結果、この広告を読んだ人たちは、広告を読まなかった人より、「自分はミッキーと握手した」と確信する人が多かったのだ。

もちろん、この場合は本当にミッキーマウスと握手したのかもしれない。そこで、次の

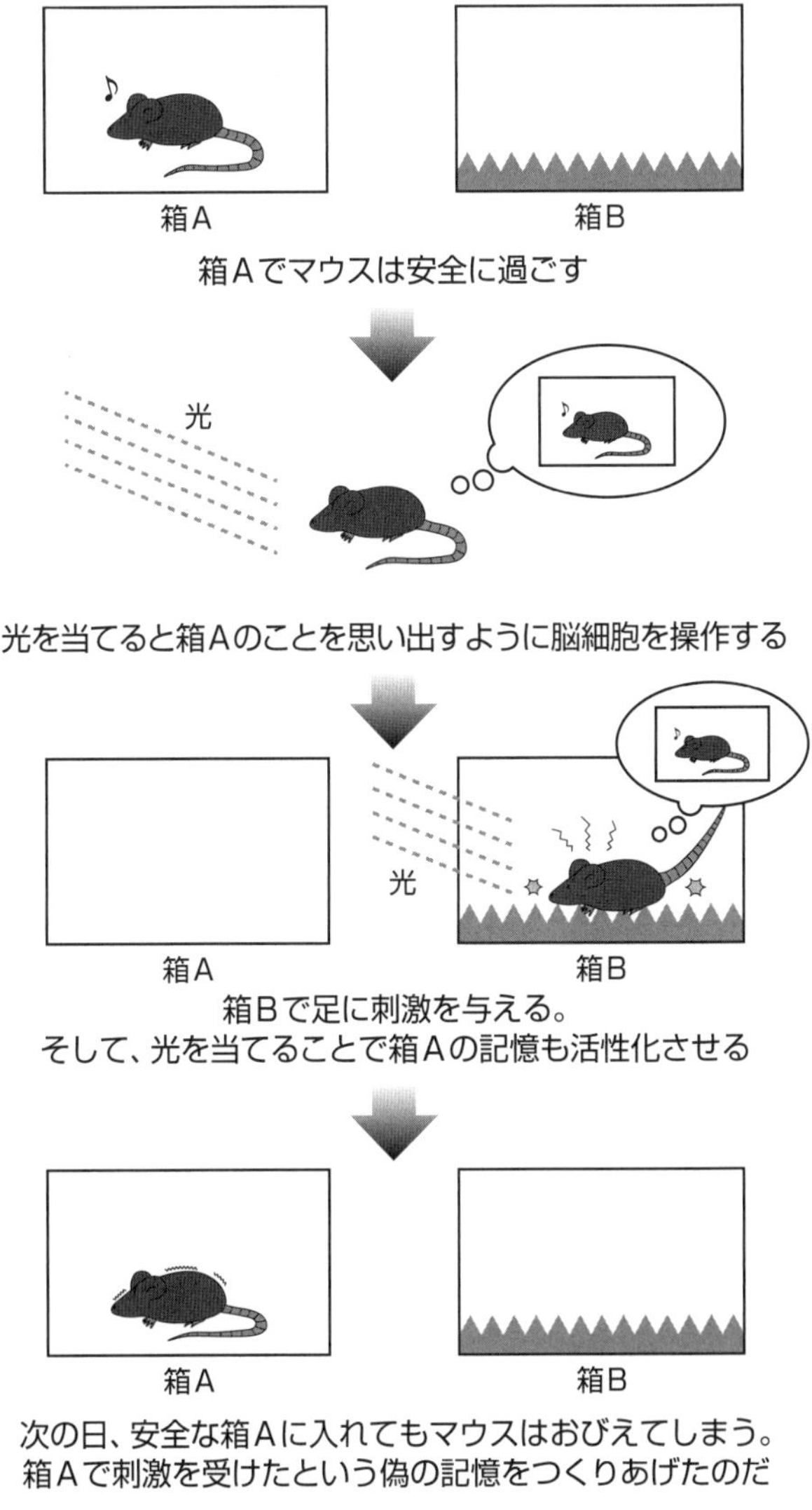
箱A
箱B
箱Aでマウスは安全に過ごす
光
光を当てると箱Aのことを思い出すように脳細胞を操作する
光
箱A
箱B
箱Bで足に刺激を与える。
そして、光を当てることで箱Aの記憶も活性化させる
箱A
箱B
次の日、安全な箱Aに入れてもマウスはおびえてしまう。
箱Aで刺激を受けたという偽の記憶をつくりあげたのだ

実験では「ディズニーに行ったのであればバッグス・バニーと握手したはずだ」という広告を被験者に見せた。その結果、ミッキーマウスのときと同様、広告を見せた人たちの方は、「バッグス・バニーと握手した」と確信した人が多くなった。

しかし、バッグス・バニーはワーナー・ブラザーズのキャラクターなので、ディズニーリゾートにいるはずがない。つまり、広告に手を加えるだけで、子ども時代の思い出を操作できてしまうことが証明されたのだ。

これは、私たちの記憶がいかにいい加減かということでもある。犯罪捜査の自白や目撃証言の証拠能力についても、過度に信用するのは考えものだということだ。

新種のエビが「ピンク・フロイド」という名前に

名付けのきっかけ

「ピンク・フロイド」というイギリスのロックバンドをご存じだろうか。1960年代から活動を開始し、世界で2億5000万枚のCDを売り上げた伝説のバンドだ。

パナマ海近くの暖かい海で新たに発見されたテッポウエビの一種に、このバンド名にちなんで「シナルフェウス・ピンクフロイディ」という名がつけられた。発見したのはオックスフォード大学のサミー・デ・グレイヴ氏、シアトル大学のクリスティン・ハルグレン氏、そしてブラジルのゴイアス連邦大学のアルトゥール・アンケル氏らによる研究チームだ。

彼らは3人ともピンク・フロイドの大ファンだったため、ピンク色のエビを発見した際には、ピンク・フロイドにちなんだ名前をつけると決めていたそうだ。今回発見したエビは鮮やかで赤みの強いピンク色のハサミを持っていたことから、この名前がつけられたということのようだ。

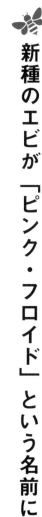

圧力で失神させるエビ？

今回発見されたシナルフェウス・ピンクフロイディだが、その特徴はピンクのハサミや名前だけではない。このエビは衝撃波で餌を失神させるというから驚きだ。

爪を大きく動かすことで水中に泡をつくり出し、その泡が消失するときに発生する衝撃波で小魚を失神させて餌として食べるという。

ただし、これはシナルフェウス・ピンクフロイディだけの特徴ではない。すでに１９０９年に似たような種が発見されているが、今回はＤＮＡを調べた結果、その種とは大きな違いが見られたことで新種として認定された。

このように、新種の生物に実際の人物やバンドなどの名称がつけられるのは珍しいことではない。マレーシアで発見された寄生虫にオバマ前大統領の名前にちなんだ「バラクトレマ・オバマイ」という名がつけられたこともある。

他にもクモや魚、恐竜などにもオバマ氏にちなんだ名前がつけられているが、どれも侮辱する意味合いはなく、オバマ氏に敬意を示しているからこそのネーミングだという。

マンモスの血液を発見!「クローンマンモス」が誕生?

凍っていなかった血液

2013年5月22日、ロシアのシベリア東部のノヴォシビルスク諸島でマンモスの残骸が発見された。歯や骨を分析した結果、1万年前に生息していた50~60歳のメスのマンモスだと判明した。沼地に足をとられ、そのまま餓死してしまったらしい。

とても保存状態がよく、マンモスの体から取り出した筋肉は新鮮な肉と同じように自然な赤色を保っていたという。

さらに、ロシアにある北東連邦大学の研究者たちが腹部の下の氷の空洞にアイスピックで穴を開けたところ、なんと血液らしき液体の採取に成功したという。マンモスが発見された場所はマイナス10度という寒さだったにもかかわらず、血液は凍っていなかったのだ。その後、マイナス17度の冷凍庫に入れた際も、血液は凍らなかった。

このことから、調査隊の隊長のセミヨン・グリゴリエフ氏は、「マンモスの血液には、冷凍を抑える効果があるのではないか」と推測している。

マンモスのクローンがつくれる？

このように状態のよいマンモスの血液を採取できたのは初めてのことだった。そのため、グリゴリエフ氏は今回の血液には再生可能な細胞が含まれていることを示唆した。もしこれが事実であれば、マンモスのクローンを作成することも可能なはずだ。

しかし、カリフォルニア大学の生物学者ベス・シャピロ氏は、クローンの作成は難しいだろうと予測する。マンモスのクローンを作成するには、無傷で機能を保っている細胞が必要だが、これだけ年数が経っているマンモスの血液に無傷の細胞が残っている可能性は非常に低いというのだ。

ただし、たとえクローンが作成できなかったとしても、新鮮なマンモスの残骸を発見できたことは非常に重要な発見だとベス・シャピロ氏は主張する。今後、この残骸をきっかけに、マンモスに関する新しい発見がなされるかもしれない。

ホモ・サピエンスとネアンデルタール人は交配していた

ネアンデルタール人とのＤＮＡの一致

私たちはホモ・サピエンスというヒト属の一種だ。現在、ヒト属で生き残っているのはホモ・サピエンスだけだが、３万年前に滅びたネアンデルタール人もヒト属だった。

ネアンデルタール人は脳の容量が大きかったことから道具を使うこともでき、体格も頑丈だったため、肉体的にはホモ・サピエンスより強かったと言われている。

完全に滅びたと思われていたネアンデルタール人だが、実はその血が私たちの身体にも流れていることが最新の研究で明らかになった。遺伝子分析の結果、現人類とネアンデルタール人のＤＮＡ配列は99・７％一致しているとのこと。私たちの遺伝子構造の１〜４％程度はネアンデルタール人に由来するというのだ。

ワシントン大学の人類学者エリック・トリンカウス氏によると、遺伝子分析の結果はあくまでも最低値にすぎず、可能性としては10～20％がネアンデルタール人に由来するとしてもおかしくないという。

交配したきっかけとは

私たちの体内にネアンデルタール人の遺伝子が残っているということは、かつてホモ・サピエンスとネアンデルタール人が交配していたことを意味する。

ヨーロッパでは数千年間、ネアンデルタール人とホモ・サピエンスが共存していたという考古学的な証拠が存在するため、両者は交配していただろうとする説が有力だった。

しかし遺伝子を調べると、ヨーロッパ人だけでなくアジア人にもその血が流れていることが判明している。

ネアンデルタール人も現人類もアフリカ大陸で生まれ、世界中に広まったと言われている。世界の多くの地域で交配した先祖を持っているということは、現人類が世界中に広まる直前の６万年前に中東地域で交配し、それが世界に拡散したという説が有力である。

アフリカ以外で人類最古の足跡が見つかる

人類最古の足跡はアフリカで見つかった

1970年代、古生物学者のメアリー・リーキー氏はアフリカ東部のタンザニアのラエトリ遺跡へ調査に入った。その結果、鮮新世《せんしんせい》（39ページ）の時代の地層から、猿人の化石が大量に発見された（ルーシーの愛称で知られる女性猿人もこの種類に属している）。

さらに、1979年にはラエトリ遺跡の火山灰層から猿人の足跡が発見され、これが人類の直立二足歩行の最も古い跡だと言われている。

嵐によって新たな足跡を発見

2013年、イギリスのヘイズブラを嵐が襲った。その嵐によって砂が流され、泥の中からくぼみが発見された。これを調べた結果、約80万年前の人類の足跡であることが判明し、ヘイズブラ足跡《そくせき》と名づけられた。この足跡が氷河堆積物の下に存在していることや、マンモスなど80万年前には存在した動物の化石が同じ遺跡で発見されたことが根拠となっている。

アフリカではすでにラエトリ遺跡から300万年以上前の足跡が発見されていたが、アフリカ以外ではヘイズブラ足跡が人類最古の足跡だと言われている。この足跡を分析した結果、男性、女性、子供の足跡だと見られることがわかった。身長は90~170cmの間で足は靴のサイズで25~26cmほど。現代人とほぼ同じと見られる。

ただし、ヘイズブラ足跡に残っている足跡については、どの古代人類の足跡かがいまだに判明していない。ロンドン自然史博物館のクリス・ストリンガー氏は、ホモ・アンテセソールというスペインに同時期に存在していた人類と関係あるのではないかと指摘している。しかし、その真偽は定かではない。

「植物にも知性がある」と言える証拠が見つかる

あえて重要な器官をつくらないという戦略

植物は呼吸や光合成をしているので生きているということは実感できるが、あくまでそれはメカニズムであり、植物に知性などないというのが一般的な考え方だろう。

しかし、フィレンツェ大学のステファノ・マンクーゾ博士は、「知性を『生きている間に生じる問題を解決する能力』と定義するなら、植物も知性を持っている」と主張する。

動物は脳や肺などの少数の器官に生命保持に必要な機能を集中させてしまっている。しかし、植物は簡単に捕食されてしまうため、機能を集中させないような身体の構造になっている。肺がなくても呼吸が可能であり、脳がなくても決定を下すことができるのだ。

その結果、身体の90%を捕食されても生き延びることが可能な場合もある。脳がないというだけで下等な生物として捉えがちだが、そうではなく、生き延びるための戦略として、あえて重要な器官をつくっていないのだ。

植物の伝えるメッセージとは

植物は自分自身の身を守るために、動物とコミュニケーションをとることもある。たとえば、ライマメはナミハダニという草食のダニに食べられそうになると、揮発性化合物を発する。すると、それに引かれて肉食のチリカブリダニがやってくるという。

チリカブリダニは草食のナミハダニを餌としているため、あっという間に食べてしまう。ライマメは自身が誰から攻撃を受けているかを認識し、敵の敵は味方であることを利用して、おびき寄せることができるのだ。

たしかに植物に脳はないかもしれないが、工夫をしながら生き延びている。決して受動的な生物ではなく、問題を解決するためにさまざまな行動をしている、知性を持った生物だといえるだろう。

恐竜は隕石で滅んだわけではなかった

最新の研究で巨大噴火説が有力となる

恐竜が絶滅した原因として最も有力なのが「隕石衝突説」だ。1991年にメキシコのクレーターと隕石の衝突を関連づける論文が発表され、「隕石衝突説」は世間の常識となっていった。

「隕石衝突説」が生まれたきっかけは、地質学者のウォルター・アルヴァレスがクレーターからイリジウムという元素の痕跡を見つけたことだ。アルヴァレスは濃度の高いイリジウムを発見したが、そもそもイリジウムはもう地球の表面には残っていない物質だった。

アルヴァレスは、このイリジウムは地球外から来たものと考え、恐竜が滅びた原因を隕石の衝突だと考えるに至った。隕石が地球にぶつかり、その衝撃から塵が地球上に散らばり、太陽光を遮ってしまった。太陽光が届かなければ、当然植物が育たなくなり、草食動物も恐竜も絶滅してしまうというのだ。

この説は完成度が高く、長い間支持され続けていた。

しかし最新の研究により、隕石が落ちたころには、すでに恐竜の数が大幅に減っていたことが明らかになったのだ。全盛期は30属以上の恐竜が存在したが、隕石衝突のころには7属しか残っていなかったようだ。つまり、隕石の衝突と絶滅には関連がないと考えられるのだ。

では、なぜ隕石衝突の前にすでに恐竜の数が減っていたのか。最新の研究では、当時地球全体で巨大噴火が起こっており、大量の玄武岩が地表を覆っていたことがわかった。恐竜の絶滅は、この巨大噴火が原因だった可能性が高い。

巨大噴火説を後押しする証拠の一つが、インドのデカン高原にあるデカントラップと呼ばれる火山活動の痕跡だ。現在、デカントラップは50万平方キロメートル、日本の国土の1・4倍ほどの広さが残っている。しかも、このデカントラップは大部分がすでに風化していることから、当時は150万平方キロメートル以上の面積だったと推測できる。それだけ大規模な噴火の影響であれば、恐竜を絶滅へと追い込んでも不思議ではない。

巨大噴火は亜硫酸ガスや窒素化合物を大気中にばらまき、生態系に大きな影響を与えたと考えられる。特に二酸化炭素の温室効果ガスにより、海中の生態系は大打撃を受けたはずだ。温暖化が進むと、海洋がよどんで海中の酸素が欠乏してしまうからだ。酸素が欠乏すると海の底に沈んでいた硫化水素が海面へ上がり、海中の生物が絶滅してしまう。海中の生物を食べていた動物が絶滅すれば、最終的には食物連鎖の頂点にいる恐竜も数を減らしてしまうのである。

もちろん、隕石の衝突も恐竜の絶滅と無関係ではないかもしれないが、隕石は直接の原因ではなく、あくまで巨大噴火で絶滅しかけていた恐竜にとどめを刺したにすぎないというのが、現在の一番有力な説となっている。

恐竜は鳥になった？

このように、6500万年前に火山や隕石で滅んだと思われていた恐竜だが、最近では、恐竜は鳥に進化して生き残っているという説も有力だ。根拠は二つある。

一つ目は、鳥は恐竜と同じく気嚢という肺に一方的に流れる呼吸器官を持っていること。気嚢を持っている生物は効率的に呼吸ができる。恐竜が最初に誕生した三畳紀は酸素濃度が低かったため、気嚢を持っていたのだろう。一方で、鳥が生息する空中も地上に比べると酸素濃度が薄いので、気嚢は必要不可欠だ。

二つ目は身体の構造が似ていること。特に二足歩行をする獣脚類《じゅうきゃくるい》の恐竜はダチョウなどに似ていると言われている。他にも、鳥のようにくちばしで硬いものを食べる恐竜もいるなど、鳥との共通点が多いのである。

もちろん、これだけでは根拠としては弱い。鳥の最も古い先祖だと言われている始祖鳥は鋭い歯や長い尻尾など、現在の鳥には存在しない恐竜の特徴を持っている。

しかし、１９９６年には羽毛に覆われた恐竜の化石が発見された。鳥が恐竜の子孫だというのが定説になる日は近いのかもしれない。

未知の生物がアメリカで打ち上げられる

テキサス州を襲ったハリケーン

２０１７年８月、アメリカをハリケーン「ハービー」が襲った。特にテキサス州は大きな被害を受け、30万棟の建物が破損した。アメリカ海洋大気庁は被害額に関して１２５０億ドルにも及ぶと推測している。このハリケーンによる死者は１０７人も出ており、アメリカの歴史に残る大災害となった。

この大災害の直後、ある女性がツイッター投稿した写真が大きな話題となった。テキサス州の砂浜に奇妙な生物が打ち上げられていたのだ。おそらく、ハービーの影響で打ち上げられたと考えられる。その生物は目も鼻も手足もなく、ただ巨大な口だけが存在し、鋭い歯を持っていた。この正体不明の生物について、ネット上では大きな話題となった。

「キバウミヘビ」の一種という説が有力

この投稿は生物学者の間でもたちまち話題になった。そして、生物学者のケネス・タイ博士は、この生物について「キバウミヘビ」の一種ではないかと主張している。

キバウミヘビとは、ウミヘビの一種であり、メキシコからフランス領ギアナなどの西大西洋の沿岸の水深30～90ｍに巣穴を掘って生息しているという。巷では「牙つきウナギ」とも呼ばれている。

他にも、チンアナゴやアナゴの可能性もあると指摘されている。これらの生物はキバウミヘビと同様、大きな牙のように歯が生えており、テキサス沿岸に生息している。

いまだにこの生物の正体は断定されていないが、ネット上に写真がアップされたことで、この生物の存在に多くの人が気づくことができた。これからは、ネットが発達したからこそ判明する新事実もたくさん出てくるだろう。

「史上最大の鳥」論争についに決着がつく

100年にわたった論争

今までで最も大きい鳥は何の種類かという問題について、科学者たちは1世紀以上にわたって論争を繰り広げてきた。しかし、その論争についに決着がついた。

これまで最も大きかった鳥は、1894年にイギリスの科学者C・W・アンドリュースが発見した巨大な飛べない鳥、エピオルニス・ティタンだと言われていた。しかし、エピオルニス・ティタンはすでに発見されているエピオルニス・マクシムスの特大サイズにすぎないとの反論もあり、発見から100年以上が経過しているにもかかわらず最大の鳥がどの種類なのかという結論が出ていなかったのだ。

エピオルニスは、マダガスカル島の熱帯雨林などに生息していた。エピオルニス・マクシムスは全長3~4メートル、体重450kgほどの巨大な飛べない鳥、エピオルニスの一種だった。約6000万年前から生息し始め、約1000年前に人間の狩猟によって滅ぼされたようだ。

しかし、最新の研究ではエピオルニス・ティタンの骨は、他のエピオルニスとは異なっていることが判明した。つまり、エピオルニス属ではないということだ。

今までエピオルニス・ティタンと呼ばれていた鳥は、新たにボロンベ・ティタンと命名され、史上最大の鳥として認定された。マダガスカル原住民の言葉で「大きな鳥」を意味する。体長は３ｍを超え、体重６５０kgの大きさを誇っていた。

いつか新種が発見されるまで、この鳥が史上最大という事実は変わらないだろう。

羽を持った昆虫が地球からいなくなる？

昆虫が大幅に減った？

これまで、地球上では5度の大量絶滅があった。大量絶滅とは多数の生物が同時期に滅びてしまうことで、現在は6度目の大量絶滅が進行中なのかもしれない。

オランダにあるラドバウド大学のカスパー・ハルマン氏を筆頭とした専門分野チームは、2017年10月に研究結果を報告した。

彼らはドイツ国内のノルトライン・ヴェストファーレン州、ラインランド・プファルツ州、ブランデンブルク州にある自然保護地区の計63カ所に昆虫を捕まえる装置を設置。

昆虫学者が27年間にわたって調べた結果、この地域の羽を持って飛行する昆虫の実に76％が姿を消したというのである。羽を持った昆虫というと、テントウムシ、蝶、蜂など私たちの想像する昆虫の多くがこれに当てはまる。

この調査は自然保護区を対象に行われている。つまり、都市部を含めて調査をすれば、さらに多くの昆虫が減少しているだろう。また、研究チームはこの劇的な昆虫の減少に生息地や天候、土地などは関係ないとしている。

最近では、農薬が昆虫減少の一因だとする研究結果もあるが、今回の結果はそういった細かい要因ではなく、地球環境全体の影響によって昆虫が減少していることを示唆しているのだ。

昆虫の減少は大ダメージを与える

昆虫は、植物を受粉させるのに不可欠な存在。80%の植物の受粉は昆虫が担っている。つまり、昆虫が減れば自然に植物も減っていく可能性が高い。当然、植物が減少すれば他の生物に大きな影響を与えるだろう。

昆虫の減少は自然界に大きな悪影響を与える。生態系が壊れてしまうと人類が滅びてしまうこともあり得る。今のところ、昆虫の激減の原因は明らかになっていないが、原因を突き止めて早急に対策を立てる必要があるだろう。

❷章 人間の新常識

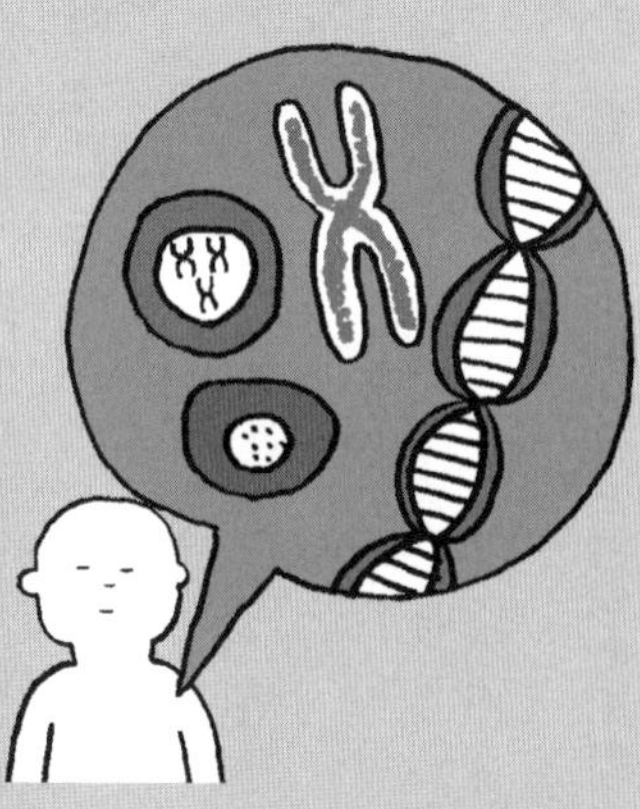

「日光浴は健康によい」はウソだった

日光浴のしすぎは害になる

以前は日光浴をすればするほど健康によいと言われていた。たしかに紫外線にはビタミンDを合成する働きがあるため、健康によい側面はある。ビタミンDが生成されると食物からカルシウムを吸収しやすくなるため、骨を丈夫にしてくれる。また、最近ではビタミンDは膵臓がんや肺がんを予防する効果があることも判明している。

しかし、最新の研究ではビタミンDで受ける恩恵より、紫外線から受ける悪影響の方が大きいことが明らかになった。特に幼い子どもは紫外線から強く影響を受けるため、紫外線対策を怠ってはならない。

オーストラリアでは、帽子をかぶっていない子どもは校庭で遊んではいけないとして、「ノーハット・ノープレイ」と指導している学校も多い。

また、薄毛の人は毛根の抗酸化物質が不足しているため、紫外線を浴びると活性酸素の影響でさらに薄毛を加速させてしまう恐れもあるという。

食事で十分なビタミンDがとれる

「日光浴をしなければ十分なビタミンDがとれない」と思う人がいるかもしれない。しかし、ビタミンDは食品から必要な量を摂取することが可能だ。イワシやサケなどの魚や卵黄などを積極的に摂取していれば、必要なビタミンDは十分摂取できるだろう。

もしビタミンDを含んだ食品を食べにくい環境にいたとしても、一日中日光に当たる必要はない。真夏日の正午ごろであれば、1日たった3分ほど日光に当たるだけで、その日に必要なビタミンDはとれるのだ。

以前は母子手帳にも「日光浴が必要」と書かれていたが、その記載は1998年には消えてしまっている。日光を浴びるのが健康的だというのはすでに古い常識だと言える。

がんも予防接種で防ぐ時代になる

がんの原因はＤＮＡの変異

１９８１年以降、がんは日本人の最大の死因になっており、現在では日本人の二人に一人が生涯で一度はがんになると言われている。これだけ身近な病であるにもかかわらず、その原因については不透明な部分が多い。

がんとは、私たちの身体を構成する細胞の一部が無秩序に分裂を繰り返し、周りの正常な細胞を攻撃することで身体の臓器などを壊していく病気。この攻撃的な細胞をがん細胞と呼び、がん細胞はＤＮＡの変異によって生じると言われている。

今まで、ＤＮＡの変異はタバコや紫外線、化学物質などの環境的要因や親からの遺伝によって起こるものだと考えられていた。しかし最新の研究では、がん全体の発症原因のうち環境的要因は29％にすぎず、親からの遺伝に至ってはたったの５％だということが明らかになった。

がんを引き起こす原因の大部分（約66％）は、細胞分裂でDNAが複製されるときにランダムで起こるエラーが原因だというのだ。DNAは「アデニン」「チミン」「グアニン」「シトシン」という塩基が結合してできている。DNAが複製される際、これら10億の塩基のうち1塩基が変化すると言われており、このエラーががん発生の原因の大部分だというのだ。

がん予防には新しい考えが必要

つまり、生きていれば運次第で自然に発生してしまう病気であり、高齢化社会で長生きしている人が多い日本では、がん患者が増えてしまうのは仕方ないことだ。

もちろん、がんの種類によって原因は大きく異なる。たとえば肺がんの場合は65％が喫煙などの環境的要因のため、こういったがんの予防、対策がまったく無駄だということではない。ただし、そこだけを改善してもDNAの複製エラーを防ぐことはできないので、がんの予防には新しい考え方が必要になる。

現在、研究が進んでいるがん予防法の一つが、インフルエンザなどの予防接種と同じように「がんワクチン」をあらかじめ体内に投与しておくということ。これによって、がんに対する免疫力を強めるというものだ。

すでに、子宮頸がんは「ヒトパピローマウイルス」、肺がんは「B型肝炎ウイルス」ががんを発症させる原因の一種だと判明しているので、それに対するワクチンは使われている。しかし、これはあくまでがんを発症させるウイルスに対するワクチンであり、がん細胞そのものに対するワクチンではなかった。

だが、現在は個人が持つ全遺伝情報（ヒトゲノム）が読めるようになり、ＡＩがその情報を過去の論文などと照らし合わせて分析できる。個人ごとの遺伝子変異が簡単にわかるようになれば、オーダーメイドのがんワクチンをつくることが可能になるかもしれない。

私たちに遺伝子のエラーが起こっても健康でいられるのは、通常は遺伝子変異が起こった細胞に免疫細胞が攻撃を行い、取り除いているからだ。ただし、すべてのがん細胞を排除することは難しいため、結果的にがんを発症してしまう。

しかし、「がんワクチン」をつくることで免疫細胞が活性化し、今まで以上にがん細胞

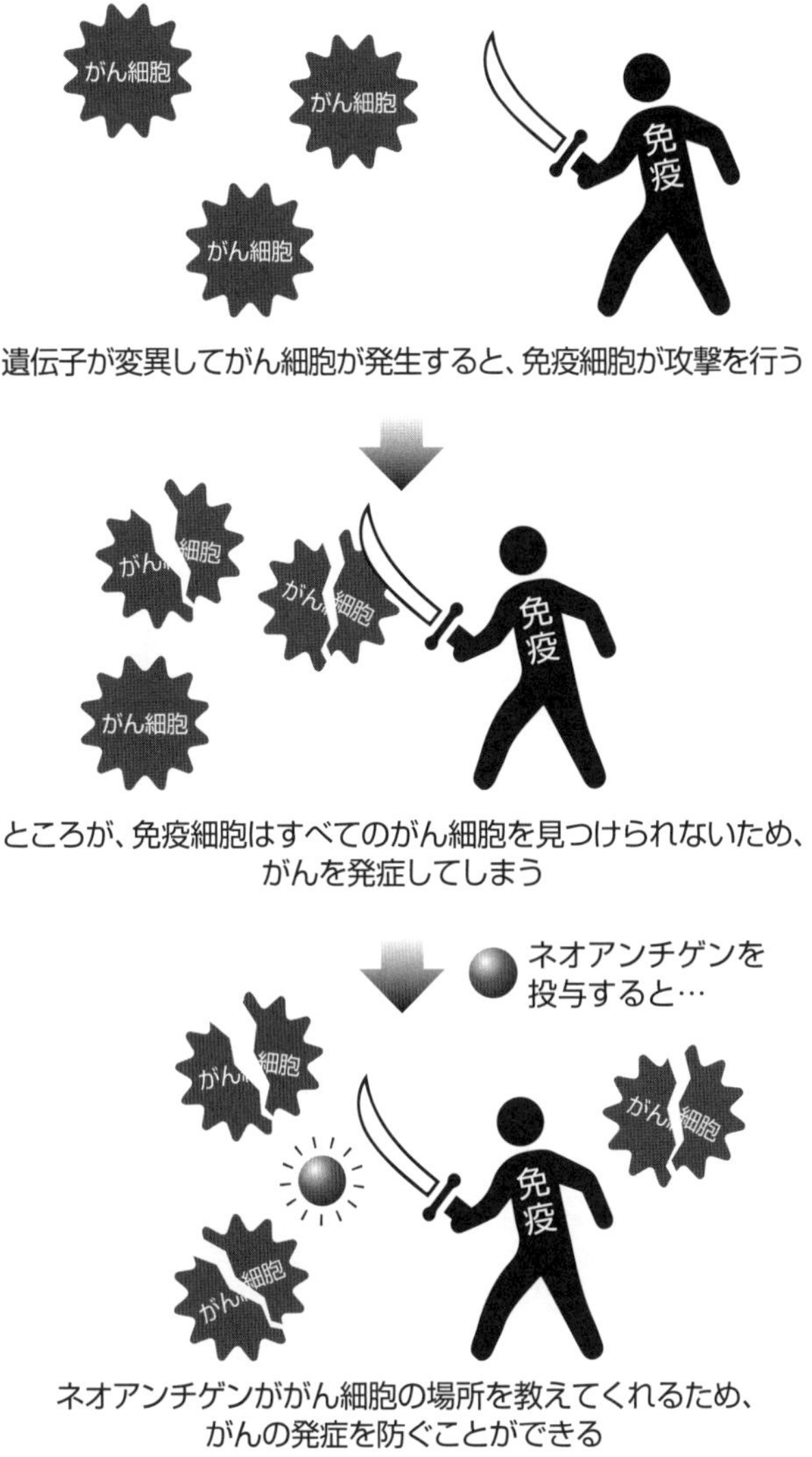
がん細胞
がん細胞
がん細胞
免疫
遺伝子が変異してがん細胞が発生すると、免疫細胞が攻撃を行う
がん細胞
免疫
ところが、免疫細胞はすべてのがん細胞を見つけられないため、
がんを発症してしまう
ネオアンチゲンを
投与すると…
免疫
ネオアンチゲンががん細胞の場所を教えてくれるため、
がんの発症を防ぐことができる

を攻撃できるようになる。

使うのは、「ネオアンチゲン」というアミノ酸が約10個連なった物質だ。通常、ネオアンチゲンは遺伝子変異が起こったときに体内で発生し、正常の細胞には存在しない。免疫細胞は、ネオアンチゲンを見つけるとそれを敵と見なして攻撃する。ネオアンチゲンは、遺伝子の変異を伝える役割を担っているのだ。

人工的にネオアンチゲンを投与することで、より多くのがん細胞の情報を免疫細胞に伝えられるようになり、免疫細胞がそのがん細胞を取り除いてくれるという仕組みだ。

現在は、まだこのネオアンチゲンを使った治療法や予防法が臨床試験を受けている段階だが、いずれ実用化することも考えられる。

2018年に本庶佑教授がオプジーボの開発でノーベル賞を受賞した。これも免疫細胞を活性化することでがん細胞を取り除く治療法だ。

さまざまな副作用なども報告されており、万能の治療法ではないが、今後のがん治療でも免疫細胞の存在が一つのカギになるのは間違いなさそうだ。

ベーコンはタバコと同レベルの発がん性

WHOによる調査結果

2015年10月、WHO(世界保健機関)の調査結果が発表され、ベーコンやハムなどの加工肉には発がん性があることが明らかになった。加工肉を1日50グラム食べると、直腸がんになるリスクは18%も高まるという。

IARC(国際がん研究機関)は、発がん性のリスクに関して5段階に分けて評価しているが、加工肉は「人間に対して発がん性が認められる」という「グループ1」に属する。グループ1には他にも、タバコやベンゼンなどが含まれている。加工肉の危険度がいかに高いかがわかるのではないだろうか。

他にも、牛や豚、クジラの赤肉も発がん性があるとWHOは指摘している。赤肉はグループ1の次に高い危険度の「グループ2A」に属しており、「人間に対する発がん性がおそらく存在する」と認定された。

日本人は気にする必要はない？

加工肉がタバコ並みの発がん性を持っていると言われると、これから食べるのを控えようと考えてしまうのではないだろうか。しかし、これはあくまでベーコンを大量に摂取しているアメリカ人などに向けたものであるため、日本人が心配する必要はない。

というのも、日本人の1日当たりの肉の摂取量は、赤肉で50グラム、加工肉で13グラム程度しかなく、世界的に見ても少ない。日本人の標準的な量を食べただけで急激に発がんリスクが上がるとは考えにくいのだ。

また、がんで亡くなった方の中で加工肉を摂取しすぎないよう医者に指示されたのは、わずか3万4000人ほどしかいないという。がんで亡くなった喫煙者は年間約100万人いるので、そこまで危険ではないという見方もある。

WHOは、肉には健康的な作用もあることも指摘している。タンパク質やビタミンBなどを肉からとらないと、かえって健康を損なうことになりかねない。適切な量の肉を摂取するのが一番健康にいいのだろう。

夢を見ないマウスの作成に成功する

睡眠に関わる遺伝子を発見する

レム睡眠とノンレム睡眠という単語を一度は耳にしたことがあるだろう。レム睡眠とは、眼球運動が起こる浅い眠りのこと、ノンレム睡眠とは眼球運動の起こらない深い眠りのことだ。睡眠の中でノンレム睡眠は75%、レム睡眠は25%程度で、90分周期で規則正しく繰り返されている。

ほとんどの場合、私たちが夢を見るのはレム睡眠の最中だが、最新の研究ではノンレム睡眠中でも夢を見ることがあるという。また一般的に、レム睡眠とノンレム睡眠の区切りのときに起きると目覚めやすくなると言われている。

このように、今までの研究では睡眠はレム睡眠とノンレム睡眠の2段階に分けられることが前提となっていた。しかし、2018年8月、日本の理化学研究所は、遺伝子操作によってノンレム睡眠だけをとるマウスの作成に成功したと発表した。

理研生命機能科学研究センターの上田泰己氏によると、「Ｃｈｒｍ１」と「Ｃｈｒｍ３」という二つの遺伝子が、マウスの睡眠と大きく関わっていると判明した。片方の遺伝子を持たないマウスは、通常のマウスに比べて睡眠時間が82分から１１８分短くなるのだ。

さらに、通常のマウスだと72分程度あったレム睡眠の時間も、両方の遺伝子を持たないマウスの場合ほとんどなくなってしまうことが判明した。つまり、これら二つの遺伝子を抜くことで、夢を見ずに睡眠をとるマウスが生まれたのだ。

この二つの遺伝子は人間にも存在する。この技術を応用すれば、人間も夢を見ずに睡眠を取れるわけだ。一見、効率よく睡眠が取れるように見えるが、危険性も存在する。レム睡眠のとれないマウスが健康に生きられるわけではないからだ。理化学研究所の発表によると、レム睡眠をとらないマウスは記憶力が通常より悪くなるという結果も出ている。

また、レム睡眠をとらないマウスの寿命についてもまだ報告がされていない。もしレム睡眠をなくすことにより健康が損なわれるのであれば、実用化は難しいだろう。

理化学研究所は睡眠障害の薬として応用できるかどうか、研究を進めていくという。

ノンアルコールビールでも酔っ払うことがある⁉

道路交通法の改正で需要が拡大

今やコンビニにもノンアルコールビールは必ず置いてある。これだけ世間にノンアルコールビールが普及したのは、2003年の道路交通法の改正がきっかけだった。この改正により飲酒運転の罰則が強化されたことで、各社がこぞってノンアルコールビールの販売に乗り出したのだ。ところが、当時の日本の法律ではアルコールが1％未満のお酒であればノンアルコールビールを名乗ることができた。そのため、アルコール分0・4％や0・1％のお酒がノンアルコールビールとして販売されていたが、お酒が弱い人の場合、大量に飲むと飲酒運転で捕まってしまうケースもあった。

2007年にも道路交通法が改正され、さらに飲酒運転への罰則が厳しくなったため、2009年にはアルコール0・00％というノンアルコールビールが販売された。完全にアルコールが0になったわけではないが、限りなく0％に近づいたため、以前のアルコール飲料のように酔ってしまうことはほとんどなくなり、世間に定着していった。

ただし、普段からビールを飲むような人の場合、味や香りが似ていることから脳が錯覚して酔っ払ってしまうこともあるという。飲酒運転かどうかの判定は、呼気《こき》に含まれるアルコールで測られるため、現在のノンアルコールビールで飲酒運転に引っかかることはまずないだろうが、運転する際には注意が必要だ。

ノンアルコールビールの製造方法

ノンアルコールビールは、ビールをつくる方法に少し手を加えることでできている。ビールをつくるには、まず麦芽と米を砕いてホップを加えて煮込むことで麦汁をつくるが、そのまま麦汁にビール酵母を加えて発酵させるとビールができる。ここで発酵時間を短くすることで、ノンアルコールビールになるのだ。

他にも、酵母では発酵させずに不純物を取り除いて炭酸などを加える方法、麦汁を使わずに大麦と小麦から「麦汁エキス」をつくり、炭酸や香料を添加する方法など、ノンアルコールビールの製法はさまざまだ。

大人になってからでも絶対音感は身につけられる？

絶対音感が身につくのは6歳まで

絶対音感とは、ある音を聞いたときにその音の高さを正確に認識できる能力のこと。絶対音感の発達には「臨界期」というものが存在し、6歳を超えると習得するのが困難だと言われている。

なぜ6歳までなのかというと、6歳以降は絶対音感に関する「神経可塑性」が失われてしまうからだ。「神経可塑性」とは、外部からの刺激により神経回路の構造を新しいパターンに組み替えること。6歳までは音に関する神経回路も活発に変化するが、6歳で一度固まってしまった神経回路のパターンを、それ以降に組み替えることはできないのだ。

「臨界期」が存在する理由について、ハーバード大学のヘンシュ貴雄教授は「脳回路を安定させるため」という見解を示している。人間は、視覚や聴覚から情報を収集し、脳を成長させていく。その過程で、物事の見え方や聞こえ方がその都度変わってしまっては、安定して脳に情報を入れることができない。

「臨界期」は人間だけに見られる現象ではない。マウスなど他の動物でも同様だ。生物が生きていくうえで必要な機能だと言える。

臨界期をもう一度体験できる薬がある？

しかしヘンシュ教授は、この「臨界期」を大人になってからもう一度経験できる薬を発見した。バルプロ酸ナトリウムという薬剤を使うことで、「神経可塑性」が取り戻せるというのだ。

バルプロ酸ナトリウムとは、てんかんや気分障害の治療薬として、デパコートなどの名で市場に流通している薬だ。ヘンシュ教授は、過去に音楽教育を受けたことのない成人男性23名の被験者を応募し、バルプロ酸もしくは偽の薬（プラシーボ）の一方を被験者に2週間与え続けた。そして、同時に彼らに音階や音程などの音楽の基礎を学習させた。

2週間後、すべての被験者に対してさまざまな音のピッチを特定させるテストを行うと、バルプロ酸を投与された被験者の方が音のピッチを正確に認識できるという結果が出たのだ。偽の薬を飲んだ被験者に比べて、その差は非常に大きかったという。バルプロ酸による学習能力が証明されたと言える。

もちろん、この方法には大きなリスクが伴う。先ほど説明した通り、「臨界期」が存在するのには理由があるからだ。私たちが今までの人生で積み上げてきたもの、アイデンティティーを失ってしまうことがある。

一方で幼少期に発生してしまった自閉症や弱視などの症状も、「神経可塑性」が戻れば治せる可能性がある。もしくは、スポーツなどで負った脳障害や戦場で負ったトラウマも、幼少期の脳に戻すことで上書きできる可能性もある。

倫理的な問題をはらんではいるが、研究が進むことで医療の発達はもちろん、能力の向上を薬によってコントロールできる時代が来るかもしれない。

「汗をかいてデトックス」はウソだった

デトックスは科学的に証明されていない

発汗デトックスという健康法がある。「デトックス」とは毒素を体外に出すという意味で、サウナや運動などで汗を大量にかいて体内の毒素を排出する健康法だ。

汗によるデトックス効果は企業などにも利用されている。アメリカのテキサス州とインディアナ州の消防署では、遠赤外線サウナを活用している。遠赤外線とは3～1000マイクロメートルの波長のことで、物質に吸収されると分子を振動させ熱を発生させる。人体でも同様で、皮膚表面から吸収した遠赤外線が身体を温めてくれるのだ。

消防隊員が消火活動で煙を浴びると、体内に化学物質が入り込んでしまう。それを汗と一緒に排出することで、がんの予防につなげるという取り組みだという。

しかし、サウナで汗をかいて毒素を排出できるというのは、科学的には証明されていない。それどころか、汗によりデトックスできるというのは誤りであることが、最新の研究で明らかになった。

「毒出し」が信じられるようになったきっかけ

そもそもこの健康法が広まることになったのは、汗の大部分を占める水とミネラルにさまざまな種類の有毒物質が含まれているからだ。

しかし汗を詳細に分析すると、そこに含まれる有毒物質の量はごくわずかだった。オタワ大学の運動生理学者であるパスカル・インベルト氏が研究仲間と調査した結果、1日に45分間激しい運動をこなしたとしても、1日の発汗量は運動をしていないときの発汗も含めて約2リットル程度だという。そしてこの2リットルの汗の中に、汚染物質はわずか1ナノグラム以下しか存在していないという。

ナノグラムとは、10億分の1グラムのこと。1ナノグラムの汚染物質は、私たちが食事で取り入れる汚染物質のわずか0・02％程度にすぎないそうだ。

重金属などに含まれるビスフェノールAという毒性を持った有機物質は、たしかに汗に溶けやすい性質を持っている。しかし、別に汗で体外に排出しなくても、尿と一緒に排出される量の方が多いのだ。

そもそも、ビスフェノールAの含まれた容器などで食事をしなければ、体内に残るビスフェノールAはどんどん減っていくので、これが一番有効な対策だと言われている。

私たちが口にする食事には、「残留性有機汚染物質」というものが含まれている。野菜などに含まれている農薬などが残ってしまっているのだ。

しかし、これらの汚染物質は脂肪に吸収されやすい性質を持っているため、ほとんどが水で構成されている汗には吸収されにくい。

そもそも、人間が吸収するこれらの汚染物質の量は、健康に害がない程度のごくわずかな量にすぎないため、わざわざデトックスを意識する必要はない。汗をかこうとすることで、かえって脱水症など命の危機になってしまっては完全に本末転倒だ。

食欲をコントロールしていたのは「脂肪」だった！

脳は臓器の司令塔ではなかった

これまでの医学界の常識では、脳が指令を出し、各臓器を動かしていると考えられていた。人体の中で最も重要な器官は、脳と心臓だと考えられていたのだ。

しかし最新の研究では、各臓器がメッセージを伝える物質を交換することで互いに情報をやりとりして、それによって生命が成り立っていることが明らかになった。

たとえば、私たちの体内で酸素が足りなくなったとする。その場合、まず脳ではなく尿をつくっている腎臓が骨にメッセージを出し、そのメッセージが骨に伝わることで、酸素を運びやすくするために赤血球を増やしてくれるというメカニズムだ。

また臓器だけでなく、脂肪も各臓器にメッセージを発していることが明らかになった。

脂肪は脳にもメッセージを発しており、それによって私たちの食欲がコントロールされているというのだ。それを証明する症状の一つが「脂肪萎縮症」という病気である。数百万人に一人という割合でかかる難病で、これにかかると脂肪細胞が消失したり、減少したりしてしまう。この病気の特徴は、食事の際に食欲が暴走してしまい、いくら食べても食べ足りなくなってしまうのだ。脂肪細胞と食欲に大きな関係があることがわかるだろう。

脂肪細胞が食欲に関わるということを究明したのが、ロックフェラー大学のジェフリー・フリードマン博士だ。フリードマン博士は、いくら食べても食欲が低下しないマウスに注目した。正常なマウスの血液の成分を肥満マウスに与えると、肥満マウスの食欲は低下していったのだ。

そのマウスを詳しく研究すると、脂肪細胞でつくられる「レプチン」という100万分の1ミリの小さなタンパク質が脳にメッセージを送り、食欲をコントロールしていることが明らかになったのだ。

レプチンの役割とは

レプチンは、脂肪細胞にエネルギーが十分に溜まると外に放出され、脳の中心部である視床下部へと届く。視床下部にはレプチン受容体というレプチンだけを受け取る器官があり、これでレプチンを受け取ることで、脳に満腹であることを知らせる。

つまり、脂肪細胞からレプチンが発せられない限り、私たちはいつまでも満腹にならず、食欲を抑えられないのだ。

レプチンの効果はなんと食欲だけでなく性欲にまでおよぶと言われている。アメリカのサスケハナ大学のエリン・ラインハート博士は、メスのハムスターにレプチンを投与した。すると、そのハムスターの性行動の回数が大幅に増加したというのだ。これは、食糧があるときでないと子孫を残すべきではないという本能からきているものと考えられる。

レプチン以外にも、脂肪細胞からは６００種類ものメッセージ物質が出ていることが明らかになっている。脂肪は今までエネルギーを貯蔵するものにすぎず、食べれば増えて食べなければ減るものだと考えられていた。しかし、実は脂肪こそが人間のさまざまな欲を操っていたというのだから驚きだ。

人間には自由意志がある？それともすべて無意識？

自由意志が存在しないことは脳科学の常識

信じられないかもしれないが、脳科学の世界では長い間自由意志の存在に対して否定的な意見が多数を占めていた。特に、1980年代にカリフォルニア大学のベンジャミン・リベット博士が行った実験は有名だ。被験者の脳の活動を脳波で測定し、自由なタイミングで指を動かしてもらうというシンプルな実験だったが、その結果は世界を驚かせた。

その実験が行われるまでは、まずは指を動かすという意志があり、脳が運動の指令を出し、指を動かすという順序で身体が動くと考えられていた。しかし、実験を行った結果、運動の指令は被験者の意識的な意志決定より0・35秒前に発生していたという。脳が運動の指令を出した後に、指を動かすという意志が発生していることが判明したのだ。この脳の指令は「準備電位」と呼ばれている。

この実験結果は、「意識が行動を決める」というのは誤りだということを示唆している。

意識は行動を支配しているのではなく、行動を把握するためのチェックしか行っていないということだ。その後も同様の実験結果が多数報告されており、自由意志の存在に否定的な見方が脳科学では主流になりつつあった。

脳からの命令を拒否できることが判明

しかし最新の研究では、動作の0・2秒前まではであるが、人間には自由意志が存在するかもしれないという説が浮上した。ドイツのジョン＝ディラン・ハインズ教授は、私たちの意識は準備電位による脳の無意識の決定を拒否できると発表したのだ。

ハインズ教授は、まずは被験者をモニターの前に座らせ、準備電位が現れるまでの時間を計測した。モニターの中心には緑か赤のシグナルが現れる。被験者はシグナルが緑である限り、足元のボタンを踏むことで自由にゲームを終わらせることができる。

緑のシグナルが現れた2秒後に緑のシグナルは赤に変わるが、赤のシグナルのときにはボタンを押すのを止めるように訓練された。足で押すように指示したのは、指先よりも準備電位の発生が遅くなるからだ。この結果、ボタンを押す0・5秒前には準備電位が発生することがわかった。その次に、準備電位が発生するタイミングに合わせて、緑のシグナルを赤のシグナルに切り替えるという実験をした。すでに準備電位は出ているが、意識は赤のシグナルを見ている状況をつくり出したのだ。

つまり、脳はボタンを押せと命じているが、意識は赤のシグナルを見ているのでボタンを押してはいけないと知っている状況で、意識が脳の指令を拒否できるかを実験したのだ。

その結果、準備電位が出た後にもかかわらず被験者はボタンを押さなかった。つまり、意識によって脳の指令を拒否できたのだ。私たちは脳の指令に従うばかりではなく、それを自由な意志で拒否できることが証明された。

ただし、拒否できないケースも存在する。意識で動作を拒否するには、動作を行う0・2秒前までに拒否をしないと脳の指令を止めることができなかった。つまり、今回の実験の場合は0・5秒前に準備電位が発生したので、動作の0・2秒前までの0・3秒間の間だけ自由意志で脳の指令を拒否できるようだ。

いずれにしろ、長い間脳科学の世界で疑問視されていた自由意志の可能性を示した。私たちは、けっして脳の操り人形ではなかったのだ。

努力できる人間かどうかは生まれつき決まっていた

練習量は遺伝で決まる

一般的に、意志の強ささえあれば誰でも努力できると思われがちだ。だから、努力をしない人を見ると怠け者だと非難する人もいるだろう。しかし最新の研究では、努力できるかどうかは遺伝で生まれつき決まっていることがわかってきた。

２０１４年にアメリカのミシガン州立大学のザック・ハンブリック教授は、「優れた音楽家は、必要な長時間の練習が可能なように遺伝子にプログラムされている」という研究結果を発表した。ハンブリック教授は「双生児法」と呼ばれる手法で調査を行った。双生児法とは、行動遺伝学の研究手法だ。一卵性双生児は一つの受精卵から生まれるので、完全に同じ遺伝情報を持っているのに対して、二卵性双生児は異なる受精卵から生まれるため、同じ遺伝情報は半分程度である。もし同じ環境で育てたとき、一卵性双生児の行動パターンが二卵性双生児に比べて似通っているとすれば、それは遺伝の影響によるものと考えられる。

研究の結果、優れた音楽家は普通の音楽家に比べて練習量が多いこと、そして練習量は遺伝的に類似することが明らかになったのだ。

努力する人と怠惰な人の脳の違い

2015年、ヴァンダービルト大学のマイケル・トレッドウェイ教授は、努力する人と怠惰な人の脳の違いについての研究を発表した。

この研究では、まず簡単な課題と難しい課題のどちらかを被験者25人に選択してもらう。簡単な課題では、自分の利き手で7秒間で30回ボタンを押す、難しい課題では利き手ではない手の小指で21秒の間に100回ボタンを押すというものだ。簡単な課題では1ドル、難しい課題では1〜4・3ドルが報酬として得られる。

ただし、確実に報酬が得られるわけではなく、被験者ごとに報酬を受ける確率が異なり、12%、50%、88%のいずれかの確率で報酬が得られる旨を事前に告げられていた。

実験内容でわかる通り、これは退屈な作業を報酬のためにどれだけ続けられるかを調べている。ポイントは、確実に報酬を得られるわけではないということ。現実の努力も必ず身を結ぶとは限らないが、それでも努力を続けられる人が成功している。

脳をスキャンして退屈な作業を続けているときのドーパミン・ニューロンの動きを観察した結果、左線条体と前頭全皮質のドーパミンが活性に働いている人は、たとえ確率が低くても報酬のために努力できることが明らかになった。

ただし、これは別に目新しい発見ではない。他の研究でも、この二つの領域は努力が損得勘定に見合うかどうかを判断しているという結果が出ているからだ。

その後この実験で明らかになったのは、脳の島皮質という部分のドーパミンが活性化すると、努力しようという意思が失われるという結果だ。ただし、島皮質はあらゆる実験で活性化する傾向にあるため、正確な機能は判明していない。トレッドウェイ教授の研究チームによる仮説だが、島皮質は退屈の苦しさを感じる部位だというのだ。

つまり、努力できる人は、生まれつき左線条体と前頭全皮質が活発で、島皮質の働きが鈍いということが言えるのかもしれない。まだ研究は必要だが、遠くない将来、努力さえ生まれつき決まっているということが判明するかもしれない。

「酒は百薬の長」には根拠がなかった

適度な飲酒が健康によい理由

「酒は百薬の長」という言葉がある。もちろん、お酒の飲みすぎが健康に悪いのは言うまでもないが、適度の飲酒であれば、酒をまったく飲まないよりかえって健康によいとこれまでは言われていた。適度の飲酒とはビールであれば中瓶一本、日本酒であれば一合程度。

酒の一番の効用はストレスが発散され気分がリラックスすること。ストレスは病のもとなので、その可能性を減らすことができる。血行もよくなり、善玉のＨＤＬコレステロールを増加させることで、動脈硬化や心筋梗塞の予防にもつながると言われている。

適度の飲酒が健康によいと言われていたのは、実際にそれを示すデータが存在していたからだ。１日の平均飲酒量と死亡率の関係を分析したデータで、日本でも欧米でも同じような結果が出ている。最も死亡率が低いのは、酒をまったく飲まない人ではなく、１日のアルコール量が20グラム以下、つまりビール１缶程度の飲酒をしている人だった。

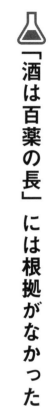

データが正確でないことが判明する

しかし、ヴィクトリア大学と豪州国立薬物調査研究チームの最新の研究によると、飲酒量と死亡率の相関関係に関する今までのデータは正確ではないことが判明した。飲酒しない人の大部分は以前に飲酒しており、病気になったことを理由に禁酒していたからだ。つまり、死亡率が高かったのはもともと疾患を持っていた人が多かっただけ、という可能性があるのだ。

そこで、研究チームはこれまでのアルコール量と死亡率に関する研究論文87件のうち、禁酒の理由が明確でない論文を除き、疾患の有無をきちんと考慮したうえで、飲酒と死亡率の関係について再度分析を行った。

すると、適度な飲酒をすることで死亡率が明確に下がるという事実は確認できないことが判明した。つまり、お酒を飲んでも飲まなくても、寿命には関係ないのだ。冒頭に挙げたように、適度の飲酒には動脈硬化などを防ぐ効果は認められているが、飲酒によってリスクが上昇する疾患もあるため、相殺されて同程度の死亡率になっているのではないか――。研究チームはこのように推測しているそうだ。

オックスフォード大学の研究によると、少量の飲酒でも心筋梗塞や脳梗塞のリスクが高まることが判明した。ＷＨＯはアルコールを発がん性物質に認定しているため、たとえ少量でもがんのリスクは高まるようだ。

さらに、適量であっても飲酒は脳の海馬を萎縮させることも明らかになった。記憶力や言語能力が低下し、認知症のリスクも高まる。

脳は一度萎縮すると元に戻ることはない。もちろん、適度に飲むのであれば問題はないのかもしれないが、お酒を飲まないのに越したことはないのだ。

ヘビやクモへの恐怖は生まれつきのもの

ヨーロッパには毒ヘビや毒グモはいない

ヘビやクモに恐怖感を抱いている人は多い。私たちがヘビやクモが危険な存在だという知識を得るのは、生まれて物心がついた後のことだと考えられる。

しかし、ドイツのマックスプランク認知脳科学研究所とスウェーデンのウプサラ大学の合同チームの最新の研究により、人間は生まれつき、遺伝的にヘビやクモに恐怖感を抱いていることが明らかになったのだ。研究チームのリーダーであるステファニー・ホッヘル教授がこの実験を行ったきっかけは、中部ヨーロッパには毒グモが存在しないという事実だ。毒ヘビも2種類しかおらず、遭遇する機会はめったにない。

毒ヘビや毒グモの多い熱帯地方であれば、生まれた後の経験から恐怖感を得るのも当然だが、ヘビやクモによる害がないヨーロッパでも恐怖感を抱いている人が存在するのはおかしいと考えたのだ。

そこで研究チームは、赤ちゃんに花や魚を見せ、その後に同じ大きさと色のヘビとクモの写真を見せて反応を分析した。その結果、花や魚を見ていたときに比べて、ヘビやクモを見るときは瞳孔が大きく開き、注視する時間が長くなることが明らかになった。

瞳孔が大きく開くということは、大きなストレスを受けている証拠。注視するということは、恐怖や不安から強く注目していることを意味している。

赤ちゃんは当然、ヘビやクモから害を受けた経験も、害を受けるかもしれないという知識も持ち合わせていない。つまり、生まれつきヘビやクモに対して恐怖や不安を抱いているということになる。

一方で、クマやライオンなどもっと危険な動物も自然界にはいるが、それらの画像を赤ちゃんに見せてもヘビやクモほどの恐怖を感じることはなかった。これは、ヘビとクモが人間にとって特別に恐怖を感じさせる存在だということを意味している。

恐怖心は人間が身につけた防衛本能

ホッヘル教授はこの実験結果を受け、「ヘビやクモへの恐怖は人間が進化の過程で身につけた防衛本能」という仮説を立てた。

ヘビとクモに関しては、数百万年前の霊長類の時代から人類と同じ環境に生息していたため、そのときから人類にとって脅威の対象だった。クマやライオンが人類にとって脅威だった期間はヘビやクモに比べて短いため、赤ちゃんは恐怖を感じないというのだ。

特にヘビはそれが顕著な形で表れる。名古屋大学大学院情報科学研究科の川合伸幸准教授によると、姿が見にくい状態でも、ヘビであれば人間は見極められることが実験によってわかったという。その実験とは、ノイズの量によって見やすさが異なるヘビ、ネコ、トリの写真を用意して大学生に見せた。すると、ヘビだけは95％のノイズが入った写真でも見極めることができた。しかし、ネコやトリはもっとノイズを落とした写真でないと見極めることができなかったのである。

また、3歳の子どもに対してたくさんの写真を見せたところ、他の写真に比べてヘビの写真は素早く見つけることができたという。

実際に危険かどうかも大事だが、人間は本能的に危険な動物を判断する防衛能力を持っているということに間違いはないようだ。

人の脳に直接映像を送る技術が実現しつつある

視力を回復できる技術

視力を失った人に見る力を取り戻させる「バイオニックアイ」という技術がある。実験自体は1960年代に始まっているが、技術の進歩でさまざまな方法が試みられている。代表的な成功例が、2003年に南カリフォルニア大学で行われた実験だ。この実験では、ビデオカメラの映像を視覚信号として人工網膜に送った。

被験者は視力を失っていたが、目の中には正常な網膜細胞が残っていたので、そこを信号で刺激すれば視覚情報が脳に届く。その結果、全盲だった被験者は視力をある程度回復できた。このように、バイオニックアイの多くの研究では、視覚器官の機能している部分を使うことで視覚情報を再現している。

しかし、オーストラリアのモナシュ大学のアーサー・ローリー氏は、デジタルカメラの視覚情報を直接脳に入力することで、視覚器官の機能が残っていなくても視覚を回復する研究を行っている。

メガネにカメラを搭載し、そのカメラの視覚信号を43個の電極とつながっている11枚のタイルに送る。タイルの電極で脳を刺激することで、視力を失った人でも光が見えるようになるのだ。

ローリー氏の研究チームは、電極一つにつき一つの光の点をつくりだすことで、約500ピクセルの画像を再現できるとしている。視力のある人が見えている世界は約2000万ピクセルなので、それに比べるとかなり粗い映像になってしまう。また、カメラが捉えた映像をうまく500ピクセル程度に要約することも重要だ。

この技術は、現段階では生まれつき目が見えない人には使えないようで、事故によって視力を失った人を対象に実験を行う。実際の視覚に比べれば粗い画質になってしまうかもしれないが、脳に直接映像を送って擬似的にであれ視覚が取り戻せるというのは、夢の技術だと言えるだろう。

「ゲームでキレやすい人間になる」は本当？

「ゲーム脳」には疑問の声も

２００２年に日本大学の森昭雄教授が出した一冊の本が世間を騒がせた。その本のタイトルは『ゲーム脳の恐怖』（日本放送出版協会）。この中で、森教授は独自の実験によりテレビゲームなどの脳に与える悪影響について研究した。小学校低学年から大学生までの間に週４日、１日２時間以上ゲームをしてきた人たちの脳波の傾向を、「ゲーム脳」と名づけたのだ。

森教授によると、ゲーム脳になると視覚と運動の神経回路は働くが、前頭前野の活動が低下してしまうという。前頭前野には怒りを抑制する作用があるため、その機能が低下した「ゲーム脳」の人たちは、通常の人に比べて怒りやすくなるという。

この「ゲーム脳」という言葉は非常に話題性があったためか、メディアで何度も取り上げられて世間の注目を集めた。一方で、「ゲーム脳」が科学的に正しいのか、それが本当に存在するのかということについては、専門家から反対の声も多く上がっている。

反論の一つとして、この本では脳波を測定するのに森教授が独自に開発した脳波計を使っているため、科学的信頼性がないというものだ。また、ゲーム脳状態とスポーツ後の脳は同じ脳波だと述べているにもかかわらず、森教授はスポーツ後の脳波のみをよいものとしているなど、論理的に矛盾しているのではないかと言われている。

WHOが「ゲーム依存症」を認定

テレビゲームの脳に与える影響については、まだ定説があるわけではない。逆に、テレビゲームが脳に好影響を与えるという研究結果もある。

ミシガン州立大学のリンダ・ジャクソン博士が12歳の男女を対象に行った研究では、普段テレビゲームをしている子どもは想像力が高くなる傾向にあるという。特に、現代のゲームはキャラクターやストーリー設定が複雑で課題解決能力を高めてくれるため、この能力はゲーム以外でも活用できるというのだ。

ただし、ゲームが脳によい影響ばかりをおよぼすわけではない。ＷＨＯは２０１８年に「ゲーム障害」をギャンブル障害などと同じく依存症として認定した。ゲームをすることを抑止できず、生活に悪影響が出ながらも続けてしまうことを一つの疾病だと認定したのである。

ただし、ＷＨＯの「ゲーム障害」についても、科学的な根拠がないとして世界中で論争が巻き起こっている。コネチカット大学のナンシー・ペトリー氏は、「ゲーム依存症を正式な障害としてリストに入れるには証拠が少なすぎる」と主張している。

２０１７年、世界のデジタルゲーム市場は10兆円を超えた。映画や音楽などのコンテンツを大きく上回る、巨大な産業になってきている。世界中の人たちがゲームに触れるのが、もはや当たり前になりつつあるのだ。

しかし、これだけ身近な存在であるにもかかわらず、いまだにテレビゲームの脳への影響についての科学的な結論は出ていない。これから、ますます研究されるべきテーマであることは間違いない。

3章 宇宙の新常識

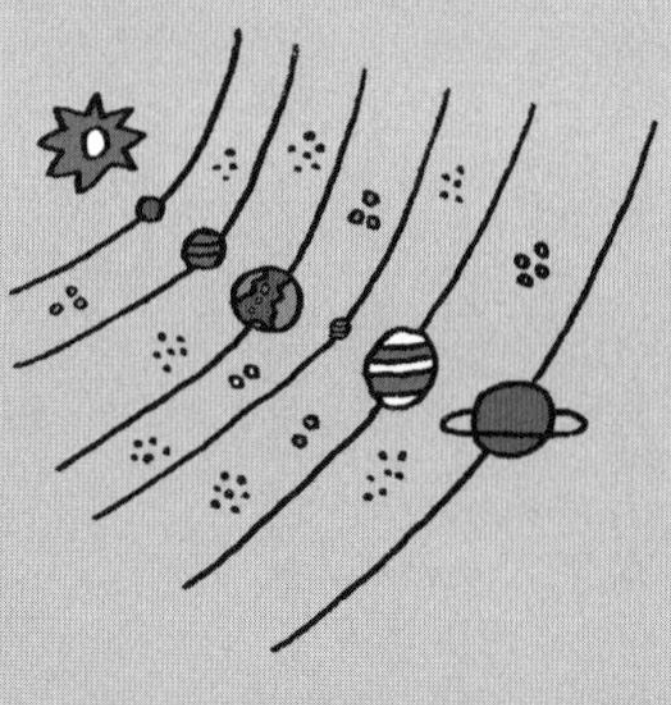

☆火星で発見された有機分子は生命体がいた証拠になるか

キュリオシティの成果

２０１１年、ＮＡＳＡはアトラスＶ５４１型ロケットによって火星探査機キュリオシティを打ち上げた。２０１２年８月６日には火星のゲールクレーターの中にある山のふもとに着地。それ以降、火星のふもとを走り続けているキュリオシティだが、数々の大きな発見をしている。

キュリオシティが火星で初めて大きな発見をしたのは２０１３年のこと。火星に着地してから5カ月後、砂と土を5回すくい、その中に有機物が入っていないか調査した。その結果、クロロメタンの仲間である有機物を発見することができたのだ。有機物は生物のもとになる材料のため、昔の火星には生命がいたことの証明になる可能性もある。

ただし、火星の土壌には過塩素酸塩が存在しており、それが高温で反応して有機物質となった可能性もあるため、生命がいたことの証明にはならない。

新たな有機分子の発見

しかし、2018年6月7日、NASAはゲールクレーターを満たしている湖水の中から、2013年に発見したものより複雑な有機分子を発見した。

湖の堆積物の岩石中には硫黄を含むものもあり、有機分子の痕跡が残っていたのだ。硫黄が放射線や過塩素酸塩から有機分子を保護していた可能性が高い。

生物が存在しなくても有機分子ができることはあるため、これだけで火星に生命がいたことの証明にはならないが、タフツ大学のサミュエル・クーネイヴス氏は重要な発見だと主張する。火星において、有機分子がいい状態で保存されていそうな場所を教えてくれたからだ。

いつの日か人類が火星に到達して、生命が存在した証拠を見つけるかもしれない。

☆衛星タイタンにも季節があることが判明する

土星最大の衛星

オランダの天文学者クリスティアーン・ホイヘンスは1655年、土星最大の衛星タイタンを発見した。地球の月とガリレオに発見された木星の4つのガリレオ衛星に次いで、6番目に発見された衛星である。

タイタンは惑星のような大きさだと言われており、太陽系では木星の衛星ガニメデに次いで大きい。実際に、最小の惑星と言われている水星より大きいが、質量は水星のわずか40％程度にすぎない。

タイタンは1600年代には発見されていたにもかかわらず、分厚く不透明な大気が覆っていたため、地表についてはまったく解明が進んでいなかった。しかし、2004年にカッシーニという土星探査機が打ち上げられたことで、タイタンの全貌が徐々に明らかになっていったのだ。

29・5年という季節サイクル

タイタンは季節ごとに大気が変化するため、地球によく似ていると言われている。2006年の時点で、タイタンは北半球北緯55度までメタンを主成分とした雲に覆われていた。しかし、2009年にはその雲がちりぢりになったため、雲の下に隠れていたクラーケン海などがくっきり見えるようになったのだ。

これは季節が冬から春に変わったためで、タイタンには季節が存在していることが明らかになった。タイタンの季節は地球における29・5年を周期として変わる。これは、土星の公転周期（1年）が29・5年だからである。

またカッシーニのレーダーでタイタンのクレーターを調べた結果、タイタンの地表は2億～10億年程度経過したものだということがわかった。これは、宇宙の歴史で考えると若い地表であることから、タイタンでは地表を侵食して一新する活動がときおり行われていることも推測されている。

☆ビッグバンの謎を解くインフレーション理論が証明される?

宇宙は138億年前に始まった

1929年、アメリカの天文学者エドウィン・ハッブルは「地球から遠い銀河ほど、その距離に比例して速いスピードで地球から遠ざかっている」という発見をする。この法則は「ハッブルの法則」と呼ばれ、宇宙が膨張している証拠として定説になっている。

宇宙が膨張しているということは、過去にさかのぼると宇宙はある1点から始まり、それ以前にはさかのぼれないことを意味する。つまり、宇宙には始まりがあったということで、その誕生は138億年前だと推測されている。

誕生した直後の宇宙は原子よりも小さな存在だったが、その後急激な膨張を遂げ、宇宙は巨大化することになる。この膨張を「インフレーション」と呼ぶ。インフレーションはただ膨張するのではなく、時間が経てば経つほど加速度的に膨張していく。

ただし、インフレーションもいずれは終わりを迎える。今まで宇宙の膨張に使っていたエネルギーが、素粒子と光という別のエネルギーに変わる。

宇宙に物質と光が誕生した瞬間、宇宙は高温の灼熱状態になったと言われている。温度にして1兆度以上。このインフレーション直後の灼熱状態の宇宙のことを「ビッグバン」と呼ぶのだ。

原子重力波がインフレーション理論を証明する

このように、宇宙誕生の瞬間にインフレーションがあったとする説を「インフレーション理論」と呼ぶが、これはまだ完全に証明されたわけではない。インフレーション理論を証明するカギは原子重力波の発見だ。原始重力波とは、宇宙が急膨張したのに伴って、時空のゆらぎが波となって伝わった現象のこと。

2014年3月、ハーバード・スミソニアン天体物理学センターが「原始重力波の痕跡を観測した」と発表した。宇宙マイクロ波背景放射の「Bモード偏光」という光の痕跡がその証拠だという。

Bモード偏光は原始重力波が原因で起こることは事実だ。しかし、Bモード偏光は重力で光が曲げられてしまう「重力レンズ効果」や、銀河の塵の影響によっても起こることがわかっている。

ESA（欧州宇宙機関）はこの研究を精査した結果、Bモード偏光は銀河の塵の影響で起こったものだと結論づけた。つまり、原始重力波の痕跡は発見できなかったのである。

もし原始重力波の痕跡が発見できれば、宇宙の始まりの謎を解く大きな手がかりとなる。現在も、その発見のために世界中の科学者が奮闘している。

☆100年前にアインシュタインが提唱した重力波をついに観測

アインシュタインが提唱した重力波

1915年から1916年にかけて、アインシュタインは「一般相対性理論」を発表した。その中でアインシュタインが言及していた現象の一つに重力波がある。重力波とは、とても重い物体が高速で動くことでその物体の周囲の空間や時間がゆらぎ、それが波として伝わるという現象だ。

アインシュタインは一般相対性理論の中で、重力によって空間は伸び縮みし、時間も早くなったり遅くなったりすると提唱した。重力波を観測できれば、まさしくこの理論が正しかったことの証明にもなる。

重力波を検出するための実験が始まったのは1960年代だ。当初は共振型観測装置を用いることで重力波を検出しようとした。共振型観測装置とは重力波の周波数を推定し、その周波数と共振する固定周波数を有する共振体を使用した検出器である。

1969年、メリーランド大学のジョセフ・ウェーバーは、自身が考案したウェーバー・バーという共振型観測装置によって重力波の有力な証拠を得たと発表した。しかし、その後何度も追加試験を行ったが実験結果を再現できていないため、重力波の観測に成功したとは言えなかった。

そして1976年、ジョゼフ・テイラーとラッセル・ハルスは連星パルサーの自転周期とパルスの放射周期を観測し、軌道周期が徐々に短くなっていることを突き止めた。これは重力波によってエネルギーが外に出たときに起こる現象といわれている。つまり、直接観測したわけではないが、間接的に重力波を検出できたといえるのだ。

ブラックホールの衝突

その後さまざまな実験が行われたものの、重力波を直接検出することはできなかった。

しかし2015年9月、アメリカのワシントン州ハンフォードとルイジアナ州リビングストンに設置されているレーザー干渉計型重力波検出器「LIGO」が、ついに重力波を検出することに成功した。

観測できた重力波は地球から13億光年離れたブラックホール二つが衝突したときに出現したもので、二つのブラックホールはそれぞれ太陽29個分、36個分という重さだった。

ついに100年の時を経て重力波の観測に成功したわけだが、現状では重力波観測に成功した例はこの実験のみ。今後実験を重ねて重力波を検出することで、一般相対性理論はより強固なものになっていくだろう。

☆最初の星はビッグバンから1億8000万年後に誕生した

最初は宇宙に星は一つも存在しなかった

現在、宇宙にはさまざまな星が無数に存在するが、最初から宇宙に星があったわけではない。ビッグバンが起こってからしばらくの間は、宇宙には星が一つも存在しなかった。

宇宙誕生直後は、水素とヘリウムガスだけが存在する世界だった。やがてガスの濃い部分が固まり始め、星をつくり出すことになる。その天体が10万年程度でさらにガスを集め、宇宙最初の恒星群をつくり始める。これを「ファーストスター」と呼ぶ。

ファーストスターは太陽の100倍程度の大きさで、表面の温度は10万度に達していたようだ。太陽の表面が6000度なので、かなり高温の恒星だったことがわかる。恒星は高温になると青白くなるため、ファーストスターも青白い恒星で、明るさは太陽の数十倍だったと言われている。

宇宙の歴史を語るうえで、ファーストスターの存在を外すことはできない。なぜなら、ファーストスターが誕生して300万年後に起こった大爆発によって、宇宙全体に水素とヘリウム以外のさまざまな元素がばらまかれることになるからだ。

予想以上に早かったファーストスターの誕生

このファーストスターは、ビッグバンが始まって1億8000万年後に初めて登場したことが最新の研究で明らかになった。

1億8000万年前という数字は、「宇宙背景放射」というものを電波望遠鏡で観測することで導き出された。宇宙背景放射とは、水素が吸収したビッグバンの残光のこと。星が光を放ったときに電波の影響で、この状態は変化する。ファーストスターが発する電波は他の星と異なるため、宇宙背景放射を調べることで、ファーストスターの登場時期を推察することができたのである。

この結果は宇宙学者を驚かせることになった。カリフォルニア大学ロサンゼルス校のスティーブン・フルラネット氏は初期の銀河を観測し、コンピューターモデルを使うことでビッグバン直後の宇宙を再現した。そして、ファーストスターが誕生する時期を計算して、ビッグバン後の3億2500万年後という結論を出した。

これは宇宙背景放射の観測結果と矛盾する。その予想よりはるかに早い1億8000万年前にファーストスターが誕生したというのが事実だとすると、現在の物理法則では説明できない現象が初期の宇宙では起こっていたことになる。

フルラネット氏によると、初期の銀河は今よりも効率よく恒星をつくれた可能性があるという可能性を示している。

ファーストスターの誕生時期がわかったことは、これまでの宇宙常識が大きく変わるきっかけになるかもしれない。

☆ダークマターの存在しない銀河が発見される

見えない物質「ダークマター」とは

宇宙の研究が進み、宇宙にはダークマター（暗黒物質）が存在することが明らかになった。ダークマターとは、「見えないが質量は存在する」物質のこと。

ダークマターは電波も光も発しないため観測することができないが、宇宙の物質全体の95％を占めているという。

本来、観測できないものを存在するとは言えないはずだが、ダークマターはなぜ存在することが確実視されているのか。それは、ダークマターが存在しなければ説明できない現象が宇宙にはたくさんあるからだ。

ダークマターが発見されたのは1970年代のこと。アメリカの天文学者ヴェラ・ルービンが銀河を観察していると、銀河の中心に近い惑星も遠い惑星も同じ速度で公転していることを発見した。そうなるためには、遠心力とバランスをとるための引力が必要になるが、今見えている物質の10倍以上の見えない物質が存在しない限り、同じ速度になるような引力にはなり得ない。この発見以降、ダークマターの存在は宇宙を学ぶうえで、常識になりつつある。

修正重力理論が否定される？

しかし、最新の研究では約6500万光年先にある「NGC1052―DF2」という銀河には、ダークマターがまったく存在しないことが明らかになった。

アメリカのエール大学のピーター・バン・ドッカム氏は、8個のキヤノン製望遠レンズでつくられたドラゴンフライ望遠鏡を使って、NGC1052―DF2にある10個の星団の動きを追跡した。そして、その運動から銀河の質量を計算すると、今見えている恒星の質量の和と同じであることが判明したのだ。

銀河が形成される際には、恒星の数とダークマターの量に緊密な関係があるというのが定説だ。ダークマターがなければ銀河は形成できないわけだ。

もしダークマターが存在しない銀河が存在するとなると、銀河系の形成に関する理論が大きく変わることになる。ダークマターの存在なしでどのように銀河が形成されるかということについて、まだ有力な説は出ていない。

また、ダークマターのない銀河が存在するということは、逆にダークマターの存在を立証することにもなるとドッカム氏は主張する。デンマーク人のジョン・W・モファット教授（トロント大学）は修正重力理論という説を提唱した。この理論によると、重力を打ち消す形で逆方向に「ファイオン場」という力が存在するという。ただし、ファイオン場は重力と違い遠距離になればなるほど力を落とすため、結果的に重力が働いているというのだ。

ダークマターは一般相対性理論を前提とした存在だ。もし一般相対性理論が間違っていて修正重力理論が正しいとすれば、ダークマターが存在しなくても問題ないことになる。

しかし、今回発見されたＮＧＣ１０５２―ＤＦ２では、見えている恒星の質量しか存在しなかった。もし修正重力理論が正しいのだとすれば、この銀河の質量は見えているより大きくならなければならない。この銀河の存在により修正重力理論が否定されれば、ダークマターの存在は確固たるものになるだろう。

☆冥王星が惑星に復帰するかもしれない

なぜ冥王星は惑星から外された？

２００６年、かつて惑星だった冥王星が準惑星に降格した。なぜ冥王星は惑星ではなくなってしまったのか。

冥王星は１９３０年2月18日、アメリカの天文学者クライド・トンボーによって発見された。きっかけは、師匠のパーシバル・ローウェルが天王星と海王星の軌道が計算と合わないということで、海王星の外側に未知の惑星が存在すると予想しながら亡くなったため、遺志を継いで研究したことだった。

トンボーに発見されて以降、冥王星は惑星としてカウントされていたが、１９９２年には冥王星の軌道から似たような天体が１０００個以上発見された。そして２００５年には、冥王星より大きな直径を持った天体である「２００３ＵＢ３１３」が発見された。冥王星が惑星であることに疑問の声が出始めたのは言うまでもないだろう。

冥王星が惑星ではなくなったのは、2006年8月末にチェコのプラハで行われた国際天文学連合総会で、惑星の定義が明確になったからだ。惑星の定義は大きく次の3つ。

①太陽の周りを公転していること
②大きな質量を持ち、重力が強く丸いこと
③軌道の周囲に、他に同じような大きさの天体が存在しないこと

冥王星はこのうちの③に当てはまらなかったため、惑星から外されることになった。①と②を満たす天体については「準惑星」と定義されたため、冥王星は準惑星に降格されることになったのだ。

2006年に決定した惑星の定義だが、その決定に異議を唱える声は多い。NASAのアラン・スターン氏によると、このときの国際天文学連合総会には全天文学者の5%しか出席していなかったという。投票の有効性自体に問題があるというのだ。

「もし現在の惑星の定義に照らし合わせると、軌道上に隕石の存在する地球や火星も惑星ではなくなってしまう」とスターン氏は主張する。今後、惑星の定義が見直されることになれば、冥王星が惑星に復帰することもありうる。

☆天の川銀河には1万個のブラックホールが存在する

ブラックホールが生まれたきっかけ

ブラックホールとは、高密度で強い重力を持った天体のこと。あらゆるものを飲み込むと言われており、「事象の地平」というブラックホールの境界面より内側に入ってしまった物質は絶対に外側に脱出できないと言われている。それは、光ですら例外ではない。

宇宙で初めてブラックホールができたきっかけは、ファーストスターの大爆発である（117ページ）。爆発の中心にあった元の恒星のなれの果てが重力で縮んでいき、その周囲にブラックホールを形成したのだ。これはファーストスターに限ったことではなく、太陽の20倍以上の大きさの恒星は、爆発後にブラックホールを残すと言われている。ブラックホールは常につくられ続けているのだ。

宇宙にはさまざまな銀河が存在するが、ほとんどの銀河の中心には巨大なブラックホールがあると考えられている。重さは太陽の10億倍、大きさは半径30億キロのものもあるという。30億キロといえば太陽から天王星の距離である。

これだけ大きなブラックホールが存在するのは、ブラックホールが成長する天体だからだと言われている。成長方法は主に二つあり、ブラックホール同士が合体する場合と、もう一つは恒星を飲み込むことでより大きくなっていく場合だ。

銀河が大きければ大きいほど、中心には巨大なブラックホールが存在する。ブラックホールの大きさと銀河の成長には相関関係があると考えられており、その理由について研究が進められている。

恒星を利用してブラックホールを観測

銀河系には数多くのブラックホールがあり、2万個以上の小さなブラックホールが軌道運動していると考えられている。しかし、ブラックホールの観測は非常に難しい。前述したように重力が非常に強いため、光でさえ脱出できなくなってしまうからだ。

コロンビア天体物理学研究所のチャック・ヘイリー氏は、ブラックホールと強く結びついている「ブラックホール連星」に注目した。そして、恒星の物質がブラックホールに落ちていくとき、渦を巻いたガスがブラックホールの周りに形成されていることを発見した。

この発見を元に天の川銀河を観測した結果、ブラックホール連星は約500存在したという。ブラックホール連星は、ブラックホールの20個に1個存在すると言われており、この理論が正しければ、天の川銀河には1万個のブラックホールが存在することになる。

ヘイリー氏によると、ブラックホールの個数が明らかになれば、重力波の発生過程を推測するのに役立つという。観測するのが難しいブラックホールだが、宇宙の謎を解く大きな手がかりになるのだ。

☆太陽系外からやってきた天体が初めて観測された

史上初の太陽系内で観測された太陽系外の天体

２０１７年10月、ハワイのパンスターズ望遠鏡で長さ４００メートル、幅40メートル程度の細長い葉巻のような形をした小さな天体を発見した。この天体は太陽の引力を振り切り、時速15万キロで地球から遠ざかっていったという。

発見当初は太陽系内の小惑星と考えられていた。しかし、その後観測や分析をした結果、太陽系内を移動するには天体のスピードが速すぎることが明らかになり、太陽系外から来た天体であることが判明した。太陽系外からの天体を観測した例は過去になかったため、この彗星にはハワイの言葉で「遠方からの初めての使者」という意味を持つ「オウムアムア」という名前がつけられた。

また、オウムアムアは数時間ごとに明るさが大きく変化する天体だということもわかった。これは7・34時間ごとにこの天体が回転していることが原因だ。

オウムアムアが明るいときは、表面が赤みがかった光を反射する。これは、天体が有機物や金属鉄で覆われているため、光の反射で明るくなったり暗くなったり見えるのではないかと推測されている。

もう二度と観測できない天体

オウムアムアが発見されてから、多くの天体学者がこの天体のデータを収集した。オウムアムアが太陽系外からの天体だと判明したのが10月19日だったが、11月3日にはもう望遠鏡で観測することができなくなってしまった。天文学界において、この期間は非常に貴重だったのだ。

現在では、すでに土星の軌道まで遠ざかってしまっており、二度と太陽系の内側に戻ってくることはない。しかし、この観測データは太陽系外の成り立ちを知る貴重な手がかりになったはずだ。

☆突然星の生成を止めようとしている銀河が発見される

銀河の最大の謎「星生成抑制問題」とは

太陽の1000倍の質量を持つと言われている大質量銀河がある。これらの銀河では、138億年前に宇宙が誕生してから約20億年後から30億年後に星を活発に生成していたが、その後突如として星をつくるのを止めてしまっていることが明らかになった。

100億年前に突如として星の形成が止まってしまったことは「星生成抑制問題」と呼ばれ、銀河の進化を研究するうえで最大の謎と言われていた。しかし、この謎を解決する手がかりが発見された。

2015年、愛媛大学の宇宙進化研究センターに所属する谷口義明教授らのグループは、地球から100億光年先の宇宙で、「突然星の生成を止めようとしている銀河」を6つ発見したと発表した。

今まで発見されていた銀河は、星を活発につくっている「星生成銀河」、もしくはすでに星生成が止まってしまい数億年以上が経過している「パッシブ銀河」のいずれかだったため、今回は史上初の発見ということになる。この突如星をつくらなくなった6つの銀河について、研究チームは「マエストロ銀河」と名付けた。

つまり、星生成銀河はマエストロ銀河の状態を経てパッシブ銀河へ変わっていくが、マエストロ銀河の期間は1000万年程度にすぎないという。これは、銀河の歴史の中ではわずかな時間と考えられる。

スーパーウインドが原因？

マエストロ銀河の周りには、「ライマンα輝線《きせん》」と呼ばれる電離ガスが広がっている。ガスが電離する原因は太陽の10倍重い大質量星が放射する紫外線だが、マエストロ銀河本体には電離を引き起こす大質量星が少ないことが観測されている。

このことから、谷口教授らはマエストロ銀河ではスーパーウインド（銀河風）が起こったのではないかと推測している。スーパーウインドとは、活発な星生成で生まれた多くの大質量星が、一斉に大規模な超新星爆発を起こすことで引き起こされる爆風波のことだ。

スーパーウインドが起こったと仮定すると、銀河内のガスを銀河の外に吹き飛ばしてしまうため、大質量星が少ないのにライマンα輝線が取り巻いているという矛盾は解消される。さらに、スーパーウインドの後は銀河内の星生成に必要なガスもなくなるので、星生成が止まってしまうことの説明もつく。

スーパーウインドの仮説が正しいかどうかはまだわからないが、マエストロ銀河の存在は、銀河がどのように進化したかという謎を解く大きな手がかりになるだろう。

☆「宇宙ゴミ」に関するガイドラインが発行された

宇宙で増え続けるゴミ

現在、スペースデブリが大きな問題になっている。スペースデブリとは、宇宙の軌道上に存在する何の活動も行っていない不用な人工物のこと。事故などで制御ができなくなった人工衛星、衛星の打ち上げに使われたロケットの残骸などがこれに当たる。

これらは宇宙ゴミとも呼ばれており、人類の宇宙開発によって生まれた負の遺産だと言える。現在では、5兆8000億個ものスペースデブリが地球を周回している。

スペースデブリが問題とされているのは、宇宙機との衝突の危険性があるからだ。デブリは秒速8kmで飛び交っており、秒速8kmで飛んでいる宇宙機と衝突すると大きなダメージを与えることになる。2009年にはアメリカの通信衛星「イリジウム」が使用済みのロシアの衛星と衝突し、大破するという事件も起きた。

デブリ同士が衝突すると、さらに細かいデブリが大量に生まれるという悪循環もある。

このような状況を受けて、2002年から「国際機関間スペースデブリ調整委員会(IADC)」の提案で、「スペースデブリ低減ガイドライン」という国際ルールを作成することが議論され、2007年に採択された。協同してスペースデブリの発生を抑えることを目的としている。このガイドラインでは、放出されるデブリの数の制限や、人工衛星などの破砕の可能性を下げるなど、7つの取り決めが行われた。

ただし、このガイドラインには法的拘束力はない。

デブリ除去の研究も進んでいる

しかし、いくら世界各国がガイドラインを守ったとしても、それだけではデブリの数は減るどころか増えていく一方になるだろう。

そこで、イギリスのサリー大学にあるサリー・スペース・センターは2018年、すでに宇宙に浮かんでいるデブリを除去する試験衛星「リムーヴデブリ」をつくった。リムーヴデブリはわずか100kgほどの小型衛星で、その中に「デブリサット1・2」という2つの超小型衛星が入っている。リムーヴデブリは3つの試験を行った。

1つ目はデブリに近づくための試験。デブリとは通信が取れないため、接近するのは非常に困難だと言われている。実験ではデブリサット2を放出し、「3Dライダー（LiDAR）」という距離を測る装置をつくることでデブリサット1に近づくという。

2つ目はデブリを捕まえるための網を発射する試験。デブリサット1を放出して大きな標的に見立てることで、包みこむように取りついてみせるのだ。

3つ目はリムーヴデブリの本体から1・5メートルの棒を伸ばして的をつくり、そこに向けて銛を発射するという試験。銛についたヒモをたぐり寄せて回収することで、エンジンでデブリを処分できるようになるという。

もちろん、これ以外にNASA（米国航空宇宙局）やESA（欧州宇宙機関）も研究を進めている。特にESAは「eデオービット」というロボットアームや網でデブリを捕まえる衛星を開発しており、2023年に完成予定となっている。

ただし、デブリ除去に関わる費用をどこが負担するのかという点が問題となっている。宇宙開発を行っている国や会社がすべて負担するのか、宇宙開発の恩恵を受ける国はどれくらい負担すべきなのか……。この問題を解決しなければデブリ除去は進まないだろう。

☆地球に最も似ている惑星が発見される

太陽に似た恒星が発見される

現在、私たちが地球上で当たり前のように生活できるのは太陽が存在するからだ。もし太陽がなくなってしまうと、地球上はマイナス200度になるという。しかも、植物が光合成できなくなり絶滅してしまうので、草食動物もそれを食べる肉食動物も絶滅してしまうことになる。

このように私たちの生活に欠かせない太陽だが、それに最も近いと言われている恒星「プロキシマ・ケンタウリ」が1915年にスコットランドの天文学者ロバート・イネスによって発見された。

プロキシマbに地球外生命体は存在する？

2016年8月、ヨーロッパ南天天文台はプロキシマb（プロキシマ・ケンタウリb）

という惑星を発見した。

太陽に近い恒星プロキシマ・ケンタウリとの距離は約750万キロと、地球と太陽の距離の12分の1程度しかない。しかし、プロキシマ・ケンタウリ自体が太陽の8分の1程度の大きさで、放出する熱量も少ないことから、丁度地球が太陽から受ける恩恵とプロキシマbがプロキシマ・ケンタウリから受ける恩恵は同程度だと考えられている。そのことから、現在発見されている惑星の中で最も地球に近い惑星だと言われていたのだ。

プロキシマbは、地球に環境が似ていることから、地球外生命体が生息する可能性が高いとして注目されている。しかし、NASAは2017年8月1日に、プロキシマbは地球のような大気を維持できていないと発表した。プロキシマ・ケンタウリから発せられる放射線によって大気がはぎ取られてしまうからだ。

受けている熱量が地球と同程度ということから、プロキシマbは生命の可能性を期待されていたが、恒星と距離が近いと言うことは、受ける放射線の量が大きく異なってしまうということなのだ。太陽系外の惑星のため、まだ詳細は調査できていないが、地球外生命体の発見はお預けとなってしまいそうだ。

4章 技術の新常識

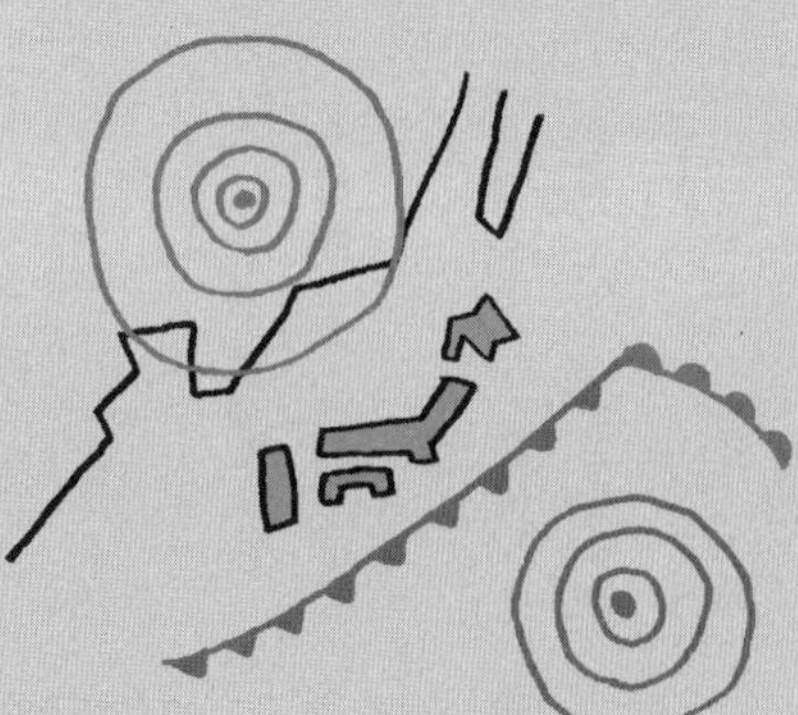

携帯電話の音声は「よく似た別の声」だった！

固定電話では声をそのまま届けていた

携帯電話で会話をしているとき、相手は間違いなくその人なのだけど、実際の声とは若干違うなと感じたことはないだろうか。実は、その感覚は正しい。携帯電話の声は本人の声ではなく、それによく似た別の種類の声だったのだ。

固定電話では、本人の声を電気の波形に変える「波形符号化式」という方法を使っていた。そして、その電波は回線を通じて相手の電話へと届けられるため、本人の声をそのまま伝えることができたのだ。

しかし、携帯電話の場合は音声をそのままデジタル化してしまうとデータ量が膨大になり、モバイル通信がパンクして使えなくなってしまう可能性がある。データ量を少なくするために、「よく似た別の声」を使っているのだ。

さまざまな声がコード化されている

それは「ハイブリッド符号化方式」という手法で、携帯電話の中には「固定コードブック」という人の声の音源が入っている。

まず携帯電話に音声を入力すると、声の特徴と音韻情報に分解される。そして声の特徴に関しては固定コードブックの音を組み合わせることで、似た声になるように組み立てる。その声と音韻情報を一緒に送ることで、相手の電話には合成音声が流れるという仕組みになっているのだ。

その後は、一瞬前に使われた音声（適応コードブック）を使って次々と合成音声をつくる。この作業をわずか0・2秒程度で、リアルタイムに行っている。携帯電話の内部では、このような処理が絶えず行われているのだ。

合成音声とはいえ、現状でも本人の声ではないと認識できる人はまずいない。今後ますます合成音声の技術は進化していき、音質もさらに改善されていくだろう。

自動運転車が普及して渋滞は過去のものになる

そもそも自動運転とは何か

最近よく「自動運転」という言葉が話題に上るが、その段階は厳密に定義されている。アメリカの非営利団体SAEによって決定されたものだが、運転システムをレベル0～5までの6段階に設定し、レベル3以降のシステムを自動運転と定義づけている。

レベル0　完全手動運転　人間がすべての操作を行う
レベル1　運転支援　ステアリングと加減速のどちらかを機械がサポートする
レベル2　部分自動運転　ステアリングと加減速の両方を機械がサポートする
レベル3　条件付自動運転　特定の場所で、機械がすべての操作を自動化。ただし緊急時は人間が操作。
レベル4　高度自動運転　特定の場所で、機械がすべての操作を自動化。ただし機械では

レベル5　完全自動運転　あらゆる条件下で、すべての操作を機械が行う
困難な状況では人間が運転

レベル2以前の運転は運転支援技術と呼ばれており、自動運転とは区別されている。

2019年2月現在、日本で流通している車に搭載されているのも運転支援技術であり、自動運転ではない。世界で唯一、「Audi　A8」はレベル3の自動運転を実現している。しかし、日本に導入されるこの車種には、いまのところ自動運転機能は搭載されていない。日本では自動運転を受け入れるための法整備が遅れており、ルールづくりができていないのだ。


現段階で商品化はレベル3までしか進んでいないが、実験段階ではすでにレベル4はもちろん、レベル5の完全自動運転にも近づいている。

アメリカのカリフォルニア州では、さまざまな企業が自動運転の公道実験を行っている。その実験結果によると、グーグル傘下のウェイモ社の場合、1年間で公道を約56万キロ走っ

てたった63回しかＡＩが離脱しなかったという。

つまり、平均すると約８９００キロもの距離を人間の手を借りずに運転できるようになったのだ。これは自動運転に取り組む企業の中でも突出した数字で、この技術が商品化され、法整備ができれば自動運転の実現も遠い未来の話ではなさそうだ。

自動運転は認識力が弱い？

しかし、自動運転はすべての面で人間より優れているわけではない。

東京大学の須田義大教授によると、運転とは「認識」「判断」「操作」という３つの行為を繰り返すことだという。運転中に急に人間が目の前に飛び出してきたとして、その人間を見つけるのが「認識」、人間に当たらないためにブレーキを踏もうとすることが「判断」、実際にブレーキを踏んで車を止めることが「操作」に当たる。

この中で「認識」に関しては、まだまだ人間には及ばない。人間のような画像認識ができないからだ。「判断」についても、もっと車通りの多い公道での経験が必要になる。

ただし、機械なのでコンディションに波はない。交通事故の多くは不注意によるものだが、自動運転ではそうしたヒューマンエラーは起こらないのだ。

また、自動運転は「認識」から「操作」までのタイムラグや、実際の操作技術が人間よりも格段に優れている。このため、自動運転を導入することの効果は、交通渋滞を防ぐという点でも期待できるのだ。

たとえば、ゆるやかな坂を下ってからゆるやかな坂を上るときに車は減速するが、後続車の人間はその減速に気づけないため、車間距離が狭くなってしまう。車間距離が狭くなってから減速し、その後続車はさらに減速しなければならない。こうしたことが積み重なることで、渋滞が発生してしまうのだ。

一方で自動運転であれば、どのような環境でも一定の速度、車間距離を保つことができる。それだけで防げる渋滞はたくさんあるため、もし道路を走っている車の一定数以上が自動運転車になれば、渋滞を大きく減らすことができるだろう。

ディープラーニングのおかげで翻訳が超進化をとげる

ディープラーニングとは何か

２０１６年３月、人工知能「ＡｌｐｈａＧｏ」がイ・セドル九段と囲碁で対局し、４勝1敗と大きく勝ち越して世界に大きな衝撃を与えた。囲碁でＡＩが人間に勝利するには、最低でもあと10年以上はかかると言われていたからだ。

「ＡｌｐｈａＧｏ」で使われていた特徴的な機能が「ディープラーニング（深層学習）」。このディープラーニングにより、現在の第３次ＡＩブームが到来したと言われている。

脳の神経回路を模してつくられたシステムのことを「ニューラルネットワーク」と呼ぶ。ニューラルネットワークでは主に３つの層に分けられ、ＡＩが学習をする。まずは、入力層でデータを受け取る。そして、隠れ層でデータや学習内容によってネットワークのつなげ方を変える。最後に、出力層からその学習から得られた最終データを取り出す。

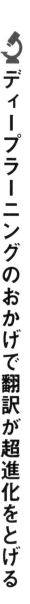

ディープラーニングは、この3つの層のうち隠れ層を何層も重ねたもののこと。たとえば、画像を読み込む場合、隠れ層が一つしかないと単純なものの形しかＡＩは判断できない。しかし、隠し層を重ねれば重ねるだけ、画像の中の複雑な特徴を得ることができる。

たとえば、犬と猫を見分けるようにＡＩに学習させるとする。隠れ層が一つしかないと、耳の形など一つの特徴でしか判断することができない。しかし、隠れ層がいくつもあれば、目、尻尾、足、輪郭などさまざまな判断基準をもとに学習することができる。隠れ層が多ければ多いだけ、学習能力が上がることになる。

実際に、昔のコンピュータには、猫とはどういう動物かを判断することができなかった。犬や虎との違いがわからなかったのだ。私たち人間にとっては猫と犬の違いは簡単にわかるが、それをいざ言語化するのは難しい。ところが、２０１２年にグーグルはディープラーニングを用いて、猫を認識するＡＩを開発することができたのだ。

ディープラーニングのアイデア自体はそれほど新しい発想ではないが、その精度は２０１０年代まで上がることはなかった。

その理由は、ＡＩに入力するデータが足りなかったこと。ＡＩは学習を繰り返すことで賢くなっていく。いくら隠れ層が多かったとしても、入力するデータの数が増えなければ、学習を繰り返すことができない。２０１０年代以降、インターネットがより活発になることで入力できる画像データが爆発的に増え、より多くの学習を繰り返せるようになり、ディープラーニングの精度も上がったのである。

グーグルの自動翻訳が進化した

ディープラーニングの恩恵を受けている技術の一つが自動翻訳だ。２０１６年11月、グーグルの自動翻訳機能にディープラーニングが導入され、翻訳の質が大幅に進化した。

ディープラーニングを活用した翻訳は、人間の行う翻訳とは仕組みが大きく異なる。人間が翻訳をするときは、学んだ文法を使って文章を組み立てる。しかし、ディープラーニングでは文法の知識を用いているわけではなく、大量の対訳データを用いることで、この並びの言語はこのように英訳や和訳をされるという規則性から翻訳をしているだ。

つまり、翻訳の質は上がっているが、決して文章の意味を理解して翻訳しているわけではない。単語の並べ方はかなり自然になってきているが、それが必ずしも正しい翻訳だとは限らないのだ。

ディープラーニングは革新的な技術だが弱点も多い。最近では画像解析技術が発達したため、ＡＩによる病理診断が行われている。人間では見落としてしまいがちな異常な細胞も、正常な細胞の形をＡＩに学習させることで見つけることができるのだ。

ただし、この病理診断にはディープラーニングは使われていない。ディープラーニングを行うには数万もの正しいデータが必要だが、医学の世界では絶対に正しいというデータが少ないからだ。

また、ＡＩが高度であればあるほど、その判断理由は人間にはわからなくなってしまう。医学の世界で人間が理解できない治療を施すわけにはいかないため、現状ではあまりＡＩの活用は進んでいない。

ただし、「ＡｌｐｈａＧｏ」をつくったディープマインド社は、この技術を医療に活かしたいとコメントしている。今後の医療界の動きに注目だ。

光格子時計はなんと「300億年に1秒」の正確さ

時間の計り方が変わった

20世紀の半ばまで、時間は地球の自転や公転をもとに計っていた。たとえば、地球の自転から1日（24時間）の長さを割り出し、その24分の1は1時間というわけだ。これらの現象は自然界の中で変わることのない周期として表れていた。

しかし、科学が発達するにつれ、自転の周期は常に一定というわけではないことが判明した。「潮汐摩擦」という潮流と海底との摩擦で地球の自転速度は遅くなっているため、1日の長さは100年につき1000分の1秒長くなる。

そこで、より正確に時間を計るために発明されたのがセシウム原子時計だ。現在、国際的な1秒の定義はセシウム原子時計によって定められている。

原子に電磁波を当てると「励起《れいき》」という現象が起こる。励起を起こす電磁波の周波数のことを「共鳴周波数」といい、セシウム133は、91億9263万1770ヘルツを「共鳴周波数」とする原子だ。そもそも、周波数とは1秒間に波が振動する回数なので、この「共鳴周波数」をもとに1秒を定義できる。つまり、電磁波が91億9263万1770回振動する時間が1秒ということだ。

セシウム原子時計が誕生したのは1967年のことだが、そこから改良を進め、現在は1秒を15桁の精度、つまり1000兆分の1秒まで正確に測ることができるのだ。

「共鳴周波数」は常に一定なのだから、原理的にはこれで一生ズレることなく1秒を正確に計ることができるはずだ。しかし、ごくわずかながらズレが生じてしまう原因がある。

その原因とは原子の熱運動だ。相対性理論によると高速で動くものの時間の流れは遅くなるが、セシウム133は毎秒300メートルの速さで動き回っている。毎秒300メートル程度の速さでは、時間の流れはほとんど変わらないが、それでもわずかに時間がズレている。現在のセシウム時計の精度では、3000万年に1秒ほど時計が遅れてしまう。

光格子時計で判明すること

当然、日常生活を送るうえで３０００万年に1秒程度の誤差はまず重要ではない。しかし、東京大学の香取英俊教授は18桁の精度で時間を計れる光格子時計を開発した。これは、なんと３００億年で1秒の誤差しか生じない精度だ。

なぜこれだけの精度の時計をつくろうと考えたのだろうか。そこには、アインシュタインが発表した「特殊相対性理論」と「一般相対性理論」が関係している。これらの理論によると、動いているものや重力が強いところでは時間の流れが遅くなる。

しかし、セシウム原子時計では、人が歩く速さやわずかな高低差で生じる重力の差で、どの程度時間が遅れるのかを計ることができない。15桁の精度でも違いを計れないほど、時間の遅れは些細な差にすぎないからだ。

18桁の精度で時間を計れる光格子時計を使うことで、日常生活の中の時間の進み方の違いを可視化できるようになり、時空の歪みを観測できるようになるだろう。

最近の天気予報は、なぜほとんど外れなくなったのか

スーパーコンピュータとは何か

テレビなどの天気予報は気象予報士が行っていると思っている人は多いだろう。もちろん、昔は気象予報士が自ら予報を行っていたのだが、最近では人間ではなくスーパーコンピュータがビッグデータを用いて予報を行っている。

スーパーコンピュータとは計算能力の高いコンピュータのこと。日本のスーパーコンピュータ「京」は、その名の通り1秒間に1京回計算ができるという。これだけ速い計算ができるのは、CPUを数多く搭載しているからだ。CPUとはパソコンの頭脳に当たる部分で、市販のパソコンには1台につき1個搭載されているが、「京」の場合はなんと8万8128個も最高水準のCPUを搭載している。

「京」は計算能力だけでなく、地球全体の大気のシミュレーションに世界で初めて成功したことでも有名だ。現実に起こっている現象をより細かく分析しようとすると、計算量が

今までの天気予報に比べてかなり増えることになるが、「京」だからこそ可能だったと言えるだろう。

数値天気予報が主流の時代に

スーパーコンピュータは大気の状態の変化を計算することで天気を予報している。気温や気圧、湿度、風速などの観測データを入力し、物理法則に合わせて計算すれば、未来の気象を予測できるのだ。この予報方法を、「数値天気予報」と呼ぶ。

数値天気予報に欠かせないのはデータ収集。2015年7月に運用が始まった気象衛星ひまわり8号は、ひまわり7号の50倍のデータを集められるようになった。データが集まれば集まるだけ正確な予測ができるようになる。

また、数値天気予報は、毎日の天気だけではなく、長期にわたる気候変動についても予測することができる。2002年に完成した地球シミュレータでは、2100年までの気候変動を予測し世界から注目されたのは記憶に新しい。

いまだに天気予報を行っている気象予報士は存在するが、もう人間の予報の精度ではスーパーコンピュータの精度にかなわない。ただし、そのスーパーコンピュータのデータをどう活用するかはあくまで気象予報士の裁量となる。テレビ局ごとに天気予報が違うこともあるのは、スパコンのデータを参照にしつつ、各局の気象予報士が独自の解釈を加えているからだ。また、雨量が小雨程度の場合、「雨」と「曇り」の定義が局ごとに異なるため、同じ結果でも伝え方が異なる場合もある。

もちろん、気象予報士の解釈が正しい場合もあるが、それで予報の精度が上がるわけではない。基本的には気象庁が発表する天気予報を見ておけば問題はないだろう。

犯罪者のオーラを検知できる監視カメラが登場

犯罪者としての資質が数値化される時代に

もし、あなたが知らないうちに犯罪者としての資質を数値化されているとしたらどう思うだろうか。ＳＦによくある設定だと思われるかもしれないが、実はこのシステムはすでに現実になりつつある。

ロシア政府の研究機関を母体とする「ＥＬＳＹＳ《エルシス》」が犯罪者のオーラを検知できる防犯システム「ディフェンダーＸ」を開発した。２０１４年のソチオリンピックでは、実際にゲートなどに設置されている防犯カメラにこのシステムが導入され、２６２０人が不審者として特定された。そのうちの92％は、薬物持ち込みやチケット不所持などで実際に入場を拒否されたのだ。

人間は、常に意識せずに身体を振動させてしまっている。人間の目には見えないレベルの振動だが、この振動と人間の感情には大きな相関関係がある。ロシア政府は長期間にわたって10万人を超える人物から振動のデータを収集することで、身体の振動を200パターン以上に分け、感情やストレスとの相関関係を発見した。

「ディフェンダーX」ではこの技術を実用化し、人間のわずかな振動を映像で解析することで、人間の感情を読み取ることに成功したのである。

身体の部位にもよるが、緊張していたり攻撃的な感情を持っていたりすると、振動は大きく強くなる傾向がある。身体の部位ごとの振動を測定し、緊張を表す振動に対しては「黄色」、攻撃的な感情を表す振動には「赤色」が表示され、身体全体にこのような振動が見られる人物を不審者としてピックアップするのだ。

この技術は他にメンタルチェックにも応用されている。身体の振動からは攻撃性や緊張の他にも、「疲労度」「ストレス」「安息」「ごきげん」など、50項目を超えるストレス状態や身体的な不調を数値として測ることができる。

監視カメラとして開発された「ディフェンダーX」ではわずか2・5秒で精神状態を分

析していたが、メンタルチェックをする場合には60秒以上も画像を撮り続けて、より正確な精神状態を測定している。

うつ病などの症状を事前に防いだり、パイロットやドライバーがきちんと運転できる精神状態にあるかを動画を通してチェックすることなども可能なのだ。

ダーウィンも反射運動と感情の関係に言及していた

このような人間の無意識な反応と感情の関係については、何もこの時代に初めて言及されたことではない。進化論で有名なチャールズ・ダーウィンは、著書『人及び動物の表情について』で、反射運動と感情は結びつけられると言及している。たとえば、人間は激怒すると血流が速くなり、呼吸が荒くなると説明している。これは、呼吸が荒くなるという反射運動が激怒という感情と結びついているからだ。

反射運動とは、特定の刺激に対して無意識のうちに起こる反応のこと。通常の運動は大脳皮質から命令が出ることで身体を動かしている。反射運動では大脳皮質の命令がないまま無意識に筋肉が動いてしまうが、その代わりに通常の運動より素早く反応することができる。熱いものに触るとすぐに手を引っ込めてしまうのも、脳で命令を出しているのではなく、反射運動をしているからだ。

先ほどの身体の振動も反射運動の一種だ。ただし、当時は技術が発達していなかったため、細かい振動を読み取ることができなかったのである。現在は技術の進化で映像を細かく解析できるようになり、感情をより正確に読み取れるようになったのだ。

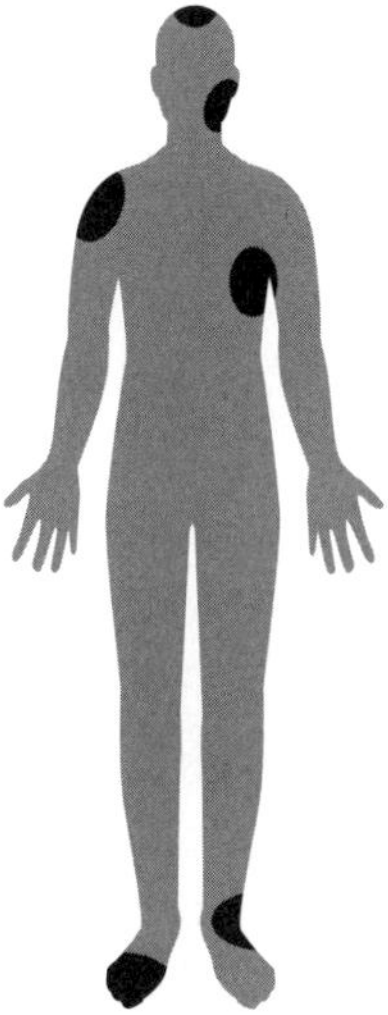

「ディフェンダーX」を使うと、興奮や緊張など「攻撃的」な振動を起こしている部位がカメラに映し出される

部屋にいるだけでスマホの充電が完了する新技術

すでに近接接合型は実用化されている

近年、ワイヤレス送電という技術が大幅に進化している。ワイヤレス送電とは、電源コードなどが接続されていない状態で電磁現象を利用して電力を供給する方法だ。

ワイヤレス送電は、「近接接合型」と「空間伝送型」の2種類に分けられる。

「近接接合型」はすでに実用化されている。一番わかりやすい例は機器の上に置いただけでスマホなどを充電できるワイヤレス充電器だ。他にも、電気自動車に給電する際にも、自動車の下に充電器を置くことで、コンセントにつなぐことなく電気を供給できる。

近接接合型のワイヤレス送電には、「電磁誘導方式」と「磁界共鳴方式」という2種類の仕組みがある。電磁誘導方式は1990年代からすでに使われており、コードレス電話の充電器はこの方法が用いられている。構造自体は非常に単純で、コンセント充電をそのまま分けて送電コイルから受電コイルに電気を送る。そのため、これら二つのコイルの距離が少しでも離れてしまうと給電量が大幅に減ってしまうのだ。

一方の磁界共鳴方式では、受電コイルと送電コイルの共鳴周波数を一致させてから電力を送る。すると、二つのコイルの距離が多少離れていても高い電送効率で電気を送ることができるのだ。

しかしこの仕組みでは、遠くに電気を飛ばすことはできない。送電距離の限界は長くても数十センチほど。その代わり、空間電送型に比べて多くの電力を効率よく送ることができる。電気自動車などの充電器として普及していくだろう。

空間電送型は制度がまだ定まっていない

すでに実用化が進んでいる近接接合型に対して、空間電送型はまだ実験段階だ。現在実験されているのは、「マイクロ波空間伝送型ワイヤレス電力伝送システム」というもの。マイクロ波とは、電波の中で最も短い波長域のものを指す。このマイクロ波を使ってアンテナから電気を送り、さまざまなものを充電するのである。

送電効率自体はどうしても近接接合型より劣るが、その充電できる距離は屋内で利用する場合は10メートルほどもある。つまり、室内にアンテナを置いておけば、何もしなくても自然にスマートフォンなどが充電されるのだ。

総務省が２０１７年11月に開催した「電波有効利用成長戦略懇談会」ではこの送電法が取り上げられ、早期実現化を目指している。

そのためには、もちろん技術的な問題もあるが、まずは制度を整えなければならない。近接接合型の充電器は電波法で高周波利用設備と規定されている。これは法律上、電子レンジなどと同じ扱いであるため、特別な免許がなくても利用できる。

一方の空間送電型はまだ法律が整備されていない。総務省は２０２０年を目安に法律を定めていく考えだという。私たちが当たり前に使っていたコンセントや電源コードだが、これらがなくなる時代も近いのかもしれない。

固定電話の仕組みがいつの間にか変わっている

固定電話の普及率はもはやスマホ以下

固定電話を持っている家庭がどんどん少なくなっている。総務省が調査した「平成29年通信利用動向調査」では、2017年には75・1%の世帯がスマホを所有していることが明らかになった。ところが、固定電話を所有している世帯は70・6%しかなく、ついにスマホを持っている世帯を下回ったのだ。

そもそも、固定電話はどのような仕組みで通話をしていたのだろうか。

発明当初は電話交換手に通話先を告げることで、交換手が手動でつなげてくれていた。その後、自動交換機が導入され、現在では全国に自動交換機が置いてある交換局がある。

固定電話では、通話相手との距離が長ければ長いほど、通話料金は高くなってしまう。受話器から入力された音声信号が電気信号に変換され、交換局へと送信され、相手の電話まで送られるが、その際に相手との距離が遠ければ遠いほど、多くの交換局を介する必要があるためだ。

2025年までにすべてIP電話に

一方、インターネット回線を通じて通話するIP電話というシステムは交換局を介する必要がないため、お互いの距離がどんなに遠くても国内であれば同一料金で通話できる。

今はまだIP電話を導入していない家庭も多く残っているが、今後すべての固定電話がIP電話となる。2025年までに交換機が維持できなくなってしまうからだ。そのため、2024年から1年かけて全国の固定電話をIP電話に切り替えるという。

ただし、特に手続きや工事は必要ないため、あなたの家の電話も気づかないうちにIP電話に切り替わっているかもしれない。

5章 物理学の新常識

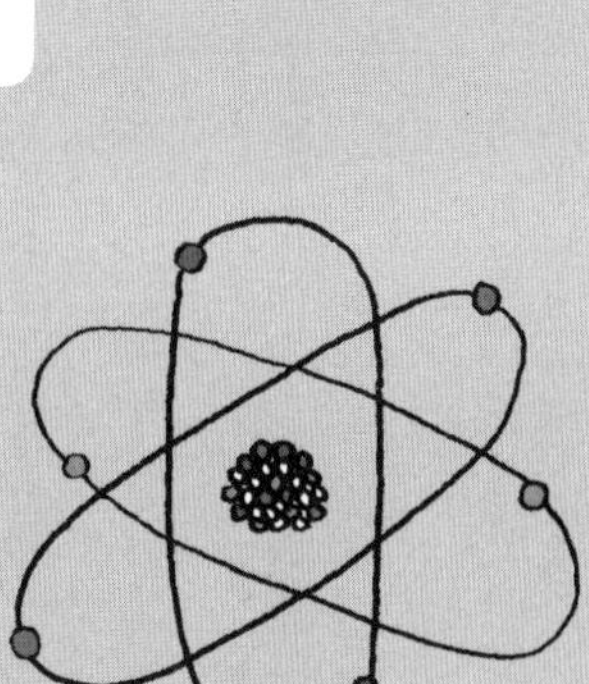

日本人が113番目の元素「ニホニウム」を発見した

元素は見つけるのではなくつくり出す時代に

1869年にロシアのドミトリ・メンデレーエフが提唱した「元素周期表」。多くの人は、理科の授業で一度は目にしたことがあるはずだ。「水兵 リーベ 僕の舟」という覚え方で元素を覚えた人も多いだろう。

メンデレーエフは1871年に第2周期表というものを発表するが、その時点では天然で発見できる最も重い元素「ウラン」（元素番号92）までしか埋まっておらず、周期表には多くの空欄が残っていた。

その空欄が埋まり始めるきっかけは1930年代に加速器が誕生したことだ。加速器とは電荷を帯びた粒子を加速させる機械のことで、現在でも病気の治療などあらゆるジャンルで使われている。

元素の世界でも、加速器が誕生したことで人工的にウランより重い元素をつくることができるようになった。１９４０年にはアメリカのエドウィン・マクミラン氏がネプツニウム（元素番号93）をつくり出し、この功績によりノーベル化学賞を受賞した。それまで、元素とは自然に存在するものを見つけ出すものだったが、「つくり出すもの」へと変わったのだ。

ニホニウムをつくりだすまでの難関

そして２０１２年8月、日本の理化学研究所の森田浩介氏は１１３番目の元素の存在を確認し、日本時間２０１５年12月31日に命名権を獲得。この元素に「ニホニウム」と名づけた。２０１７年からは理科の教科書にも掲載されている。

実は、ニホニウムをつくることは理論上それほど難しいことではない。亜鉛（元素番号30）の原子核を加速器で加速させ、ビスマス（元素番号83）の原子核に衝突させるだけ。元素番号はそのまま陽子の数を示している。陽子30個と陽子83個が合成すると、陽子１１３個、つまり元素番号１１３の元素が完成するのだ。

この実験の最大の難関は、原子核同士を合成させること。原子核はお互い１兆分の１センチメートルと非常に小さいため衝突させるのが難しい。またたとえ衝突しても、それでお互いの原子核が合成される確率はわずか100兆分の1。狙って合成することは不可能なので、ひたすら亜鉛の原子核を当て続けなければならないのだ。

もう一つの難関が、陽子数を確認すること。ただでさえ小さい原子核の陽子となると小さすぎて確認することは困難。そこで、α崩壊という現象を利用することで陽子数を確認する必要がある。

α崩壊とは、原子核からヘリウム原子核（元素番号2）が放出される現象のこと。α崩壊後に出てくる原子核から逆算することで、陽子の数を逆算することが可能となるのだ。

2003年に実験を開始して以降、森田氏はひたすら亜鉛ビームを当て続け、ついに2004年7月に初めて113番目の元素が合成されたことを確認した。このときは、α崩壊によって4個のα粒子が放出され、4個目のα粒子がボーリウム266と同じだった。

ボーリウム266は元素番号107、つまり陽子107個の元素。すでに陽子2個のヘリウム原子核が3回放出されて陽子の数が107ということは、元の原子核は陽子の数が

113だったと計算できる。

2005年には2回目の確認に成功するが、このときもα崩壊は4回しか起きなかったため、根拠としては足りないと言われていた。その後も実験を続けるがなかなか確認はできず、2012年にようやく3つ目の確認に成功する。

このときはα崩壊が6回起き、5回目のα粒子はドブニウム262（元素番号105）、6回目はローレンシウム258（元素番号103）と同じα粒子だったため、根拠がより明確になり、ついに合成に成功できたと言えるようになったのだ。

元素の命名権をアジア圏の国が獲得するのはこれが初めてのことになる。

今後も理化学研究所は元素番号119以降の元素を発見するために研究を続けていくそうなので、これからもアジア由来の元素が増えるのを期待したい。

クレジットカードは素数によって守られている

暗号化するのに最適な数字

世間では最近急速にキャッシュレス化が進んでいる。ほとんど現金を持ち歩かないという人も増えたのではないだろうか。

このクレジットカードを支えているのが、数学で使われる「素数」だ。素数とは2、3、5、7、11など、その数字と1でしか割り切れない数字のことだ。

クレジットカードや銀行口座、メールなどを扱う際に重要なのは、通信を暗号化して情報通信を安全に行うこと。しかし、もしこの暗号化が解かれてしまえば、そのデータはすぐに悪用されてしまうだろう。

暗号化で解読をより難しくしているのが「RSA暗号」と呼ばれるものだ。RSA暗号では、大きい素数と大きい素数をかけることで暗号としている。たとえば、10億7360万2561というとても大きい数字を見て、これが何をかけた数か想像することはできるだろうか。これは8191×13万1071という素数同士をかけている。

一般的に、このようなケースでは素因数分解が使われる。たとえば1万という数字は素数ではないので、2や5で割っていけば、いずれ何をかければこの数字になるかは明らかになる。すると、暗号が解かれてしまう。

しかし現在のところ、大きい素数同士のかけ算を解明される可能性は限りなく小さい。巨大な二つの素数の積を簡単に素因数分解する方法は見つかっていないからだ。そのため、大きい素数が発見されればされるほど、暗号の強度はどんどん強くなっていく。

すでに、専用のコンピュータを使っても解読に数万年かかる暗号をつくることも可能だと言われている。

史上最大の素数を発見

素数を見つけ出すことはとても難しい。値が大きくなればなるほど、その数が本当に素数であるかどうかを証明するのが難しいからだ。しかし、1986年にリュカ・テストという画期的な素数判定法が発明された。現在では改良され、「リュカレーマー・テスト」と呼ばれている。このテストを行うときに用いるのが、「メルセンヌ数」だ。「2のべき乗より1小さい数」、つまり「2n乗－1」をメルセンヌ数という。

2017年、アメリカのジョナサン・ペース氏は50個目のメルセンヌ素数を発見した。今回発見された素数は、2の7723万2917乗から1を引いた数だと言われており、2324万9425桁の数字だという。ペース氏が使っていたのは、普通のプロセッサを使っている市販のコンピュータだったそうだ。

素数の発見は基本的にボランティアが行っているが、もし1億桁の素数を発見できれば、電子フロンティア団体から懸賞金が受け取れるという。このように素数の発見が今後も続いていくことで、暗号化はますます強固なものになるはずだ。

ただし、素数が暗号に使われる前提とは、巨大な素数の積を簡単に素因数分解できないということだ。もし、画期的な素因数分解法が見つかってしまうと暗号化はきかなくなるため、世界がパニックに陥るだろう。

存在が確認されていなかったヒッグス粒子を発見！

「神の素粒子」と呼ばれたヒッグス粒子

１９６４年、エディンバラ大学の理論物理学者ピーター・ヒッグスはヒッグス粒子の存在を予言した。ヒッグス粒子とは、粒子に質量を与える粒子のことである。

宇宙が誕生した当時、宇宙には大量の微粒子が飛び回っていたが、それらは質量を持っていなかったため、自由に飛び回っていた。しかし、ヒッグス粒子が誕生したことでビッグバンでできた素粒子とぶつかり、素粒子は質量を持つ物質となっていった。

つまり、ヒッグス粒子が存在しなければ、宇宙に物質も存在しなかったということだ。すべての物質の始まりであることから、ヒッグス粒子は「神の粒子」と呼ばれていた。

ＣＥＲＮの実験によりヒッグス粒子を発見

スイスのジュネーブ郊外にある欧州原子核研究機構（ＣＥＲＮ）は２００８年から大型

ハドロン衝突型加速器（ＬＨＣ）を稼働し、高エネルギー物理実験を行っていた。

ＬＨＣを用いても、10兆回に1回の衝突実験でしかヒッグス粒子は見つからないと言われていたが、２０１１年にヒッグス粒子と見られる実験データを発見した。

しかし、ヒッグス粒子の存在を確定させるには、より多くの実験が必要だという結論になった。

その後、２０１２年にＣＥＲＮは新たな粒子を発見した。これは当初ヒッグス粒子だと思われていたが、ＣＥＲＮは確定的な表現はせずにさらに実験を続けた。

そして２０１３年、新たに発見された粒子を前年の2・5倍のデータで分析した結果、スピン角運動量が0であることがわかった。これはヒッグス粒子の理論値と一致するため、ヒッグス粒子がついに見つかったと認められたのだ。

ヒッグス粒子が見つかったことで、ピーター・ヒッグスは２０１３年にノーベル物理学賞を受賞した。歴史に残る大発見だったと言えるだろう。

量子テレポーテーションに成功する

量子テレポーテーションは瞬間移動ではない

量子テレポーテーションとは、1993年にチャールズ・ベネットらによって提唱された技術である。テレポーテーションというと、物体を別の場所に瞬間移動させる架空の技術を思い浮かべてしまう人も多いが、この技術では粒子が瞬間移動するわけではない。

一つの光子を分裂させると、分かれた二つの光子は「量子もつれ」という状態になる。お互いの光子はスピンしており、そのスピンはプラスとマイナスに分かれている。

まず量子もつれの状態にある二つの光子XとX'を二人の観測者に送る。そして、片方の観測者がもう一人に送りたい光子Yを用意する。観測者は光子YとXに対してベル測定と呼ばれる特殊な測定を行う。すると、光子XもYも消えてしまう。その測定結果をもう一人に伝えて、その人が手元にある光子X'に測定結果を元に補正をかけることで、光子X'が光子Yに変身するのである。これが量子テレポーテーションと呼ばれる現象だ。

長距離でもタイムラグなく通信が可能？

量子テレポーテーションの実験に初めて成功したのは、1997年にインスブルック大学のアントン・ツァイリンガーらが行った実験によってだ。ただし、このときは別の条件を満たしていないと成功しなかった。1998年にカリフォルニア工科大学の実験で、無条件で量子テレポーテーションが成功するようになったが、そのときの成功率は低かった。

東京大学の古澤明は2004年に3者間、2009年には9者間の量子テレポーテーションの実験に成功する。この実験の成功により、量子テレポーテーションを情報ネットワークに活用する道筋が見えてきた。2013年には、今までの100倍の成功率となる61%の成功率で量子テレポーテーションに成功した。

どんなに量子が離れていたとしても、瞬間的に量子状態を転送できるというわけだ。粒子間で情報伝達や物理的な作用は起こっていないため、光を超える速さでメッセージが送られているわけではないが、今後、長距離通信などに応用されれば、超高速で情報を遠方に伝えられるようになるかもしれない。実用化するにはまだ研究が必要だろう。

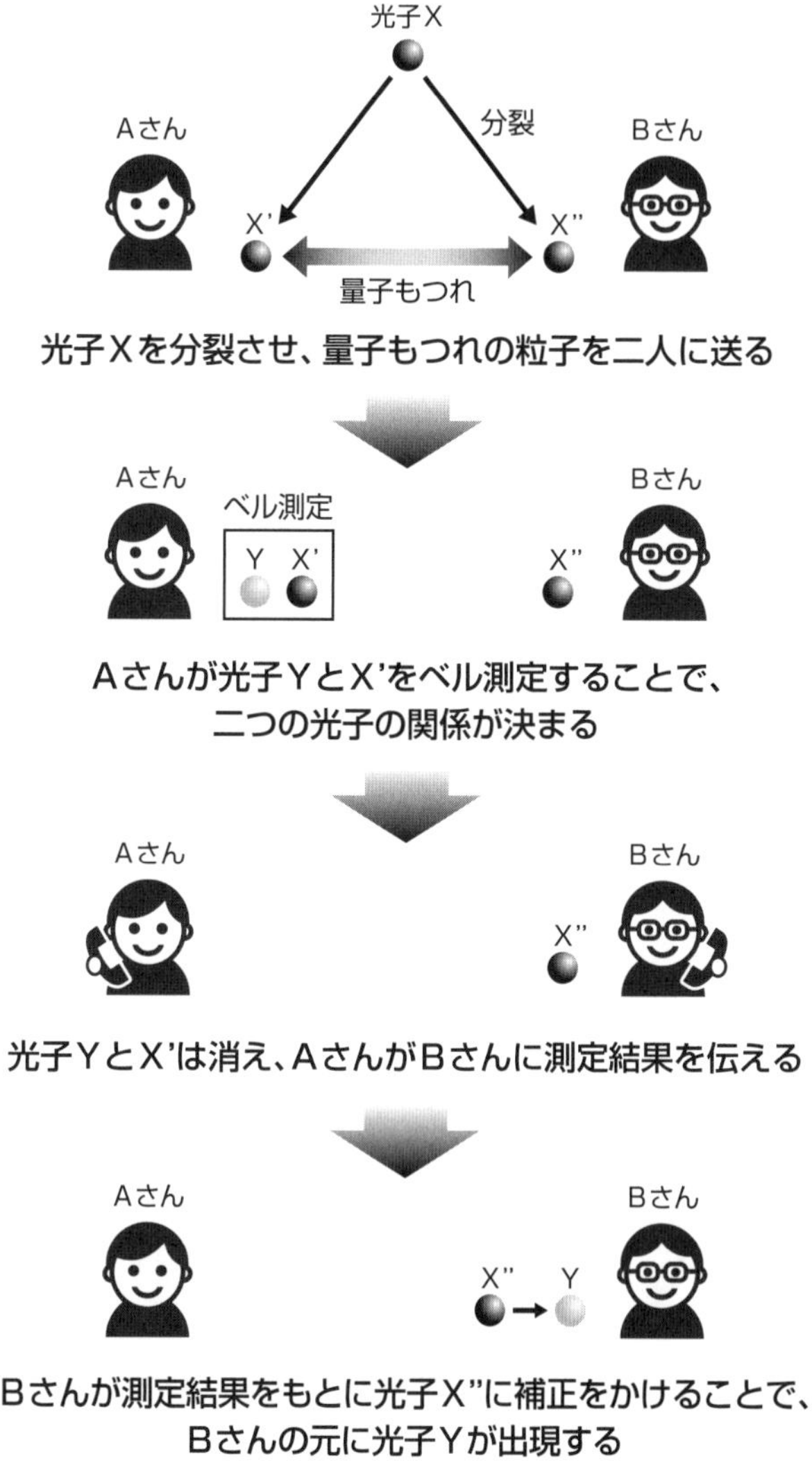
光子X
分裂
Aさん
Bさん
X'
X"
量子もつれ
光子Xを分裂させ、量子もつれの粒子を二人に送る
Aさん
Bさん
ベル測定
Y
X'
X"
Aさんが光子YとX'をベル測定することで、
二つの光子の関係が決まる
Aさん
Bさん
X"
光子YとX'は消え、AさんがBさんに測定結果を伝える
Aさん
Bさん
X"
Y
Bさんが測定結果をもとに光子X"に補正をかけることで、
Bさんの元に光子Yが出現する

新物質？新形態？「エキシトニウム」が発見される

量子力学を発展させる物質

1960年代、ハーバード大学の理論物理学者バート・ハルペリン教授によって、エキシトンという粒子によって構成される「エキシトニウム」という物質の存在が予測された。

エキシトンとは、価電子帯中の正孔（結合した電子が抜けた後の孔《あな》と電動帯中の電子が対《つい》になってできたペアのこと。クーロン力という電荷の引き合う力によって、半導体や絶縁体の中で、電子と正孔がお互いに束縛状態になってしまっている。

エキシトンは超流動体や電子絶縁体に対して凝縮し、この凝縮したものがエキシトニウムだ。物質の新形態だとも言われている。

ついに決定的な発見がされる

今まで、エキシトニウムを発見したという報告は何度もされていたが、決定的なものはまだ発見されていなかった。

２０１７年、イリノイ大学のピーター・アバモンテ氏らの研究チームが衝撃的な発表をする。ついに、「エキシトニウム」の存在を証明したというのだ。研究チームはこれまでとはまったく異なる「電子エネルギー損失分光法」という計測方法を採用した。これは電子を試料に入射させ、失ったエネルギーを分光させることで、試料の元祖の構成や化学結合状態を解析する方法のことだ。

その結果、相転移の起こる温度で、エキシトンの凝縮が起こった証拠と言われているソフトプラズモン相を観測した。ソフトプラズモン相によって、今回世界で初めてエキシトニウムの存在を証明したということになる。

エキシトニウムの発見は、量子力学や新たな半導体の開発などに役立つ可能性があるとされている。しかし、まだ物質の詳細についてはわかっていないため、その応用は今後の研究次第ということになりそうだ。

新素材スマートマテリアルが実現する驚きの世界

環境を感知する材料

現在、スマートマテリアルという材料が大きな注目を浴びている。スマートマテリアルとは、外部からの刺激に反応することで自身の性質を変化させる材料のことだ。

その代表的な例として、形状記憶合金という材料がある。形状記憶合金とは、変形を加えても、ある一定以上の温度まで加熱すると元の形に戻るという性質を持つ合金のことだ。外部の温度に反応して自身の性質を変化させている。

ニチノールと呼ばれるニッケル－チタン合金や、銅－アルミニウム－ニッケル合金などが有名だ。温度の感知器センサーやブラジャーのワイヤーなど、さまざまな用途で使用されている。

ワシントン大学では熱や光で形を変えるスマートマテリアルを開発している。立方体の材料に140度の熱を加えると展開図の形へと変形し、85度に冷ますと立方体に戻るのだ。

また熱だけでなく、青い光を当てるだけで展開したり曲がったりするのも特徴だ。研究者は、衛星軌道上に太陽パネルを設置するときに、バッテリーを使わずに熱や光で装置を展開するという使い道などを考えているようだ。

洋服が自動で自らを修復する時代が来る?

マサチューセッツ工科大学にも新たに米国先進機能性織物研究所が設置され、機能性織物の研究が行われている。機能性織物に使われている材料が汗や体温を分析してくれるため、もし熱が足りなくなったら太陽からエネルギーを多く吸収するなど、最適な状況を保持してくれる服をつくることができるのだ。もし洋服に穴が開いたら、それを自動修復してくれる服も開発されている。

スマートマテリアルは自身の置かれている環境のデータを取り込むことで、パフォーマンスを調整することが可能だ。研究が進んで、私たちの日常生活がより快適になる未来が待ち遠しい。

素粒子ニュートリノが物理学の法則を覆した？

ニュートリノとは何か？

日本の物理学者で東大名誉教授の小柴昌俊が、２００２年にノーベル物理学賞を受賞した。それは、１９８７年に岐阜県の神岡鉱山地下１０００メートルに設置した観測装置カミオカンデによって、大マゼラン星雲で起こった超新星爆発で自然発生したニュートリノという素粒子を史上初めて発見した功績を称えたものだった。

ニュートリノが存在すること自体は、１９３０年にオーストリア生まれのスイス人物理学者、ヴォルフガング・パウリによって唱えられていた。

パウリは、原子核が出す放射線のエネルギーを分析しているとき、エネルギーがどこかに消えてしまう理由について考察していた。そこで、電気を帯びておらず、とても小さく軽い幽霊のような粒子が存在すると仮定すれば、どんなところも通り抜けられるため辻褄が合うと考えた。1932年、イタリアの物理学者エンリコ・フェルミは、その存在をまだ確認できないニュートロン（中性子）の粒子をニュートリノと名づけた。

その後、1956年にアメリカの物理学者フレデリック・ライネスらが原子炉で発生するニュートリノの発見に成功する。ただし、これはあくまで人工的に生まれたニュートリノであり、自然界に発生するニュートリノは1987年に小柴昌俊が発見するまで見つかることはなかったのである。

アインシュタインの相対性理論が否定された？

その後、ニュートリノは別の面でも注目を集めることになる。

2011年、CERN（欧州原子核研究機構）は、人工ニュートリノ1万6000個を730キロ先にあるイタリアのグランサッソ国立研究所へと発射。その結果、光の到達時間は2・3秒だったが、ニュートリノの到達は60ナノ秒早かったと発表した。つまり、ニュートリノは光速を超えるスピードをもつというのだ。

あまりに信じがたい実験結果だったため、研究チームは1万5000回ほどの実験を行い、数カ月間にわたって内部で討論を重ねた。その結果、実験に誤りは見られなかったという。

これは物理学の常識を大幅に覆す発見だと世間を騒がせた。アインシュタインの唱えた特殊相対性理論によると、物質は光より速く移動することはできないとされていたからだ。

しかし、外部機関が検証を行うと、光ケーブルの接続やニュートリノ検出器の精度が不十分だったという可能性が見つかった。２０１２年にそれらの誤差を修正し、もう一度実験を行った結果、ニュートリノは光の速度を超えていないことが確認されたという。

世紀の発見と思われた発表は誤報だったが、ニュートリノの重要性に変わりはない。今後もニュートリノの研究は続いていくだろう。

100年前の超難問「ポアンカレ予想」がついに解決

ポアンカレ自身も証明できなかった

2000年、アメリカのクレイ数学研究所から7つの「ミレニアム懸賞問題」が発表された。これらは、数学界において非常に重要かつ難しい問題とされており、その解明や証明に100万ドルの懸賞金がかけられることになったのだ。

この7つのミレニアム懸賞問題のうち、すでに解決している問題が一つだけある。それが、2002年にグレゴリー・ペレルマンによって解決された「ポアンカレ予想」である。

「ポアンカレ予想」とは1904年にフランスの数学者アンリ・ポアンカレが提言した定理。「単連結な3次元閉《へい》多様体《たようたい》は3次元球面S^3に同相である」という非常に難解なものだ。

「同相」とは、位相幾何学という図形を分類する学問の言葉。二つの図形があるときに、片方の図形の辺をやわらかいヒモだと考え、変形すればもう片方の図形に変形できることを「同相」と呼ぶのである。

たとえば、丸と四角に関しても、四角の角を丸めれば丸になることがわかるだろう。よって、丸と四角も同相だといえるのだ（次ページ図参照）。

「単連結」とは、その図形に対してどのようにヒモをかけたとしても、ヒモを回収するときに1点に集まる性質のこと（図参照）。

つまり、このヒモを1点で回収できる「単連結」な図形は、球面と「同相」であるという定理だ。ポアンカレが提唱した定理だが、ポアンカレ自身も証明することはできず、そこから100年もの間、世界の天才数学者を苦しめてきた。

「ポアンカレ予想」を解くことで、宇宙の形がわかるとすら言われてきた。

変わり者の数学者が見事に証明

2002年、ある論文が突如ネット上に投稿された。ロシアの数学者グレゴリー・ペレルマン博士が、「ポアンカレ予想」を証明したとする論文だ。ペレルマンの投稿した論文は瞬く間に世界中で注目を集め、ペレルマン博士は世界トップの数学者たちの前で、この証明についての解説をすることになった。

同相

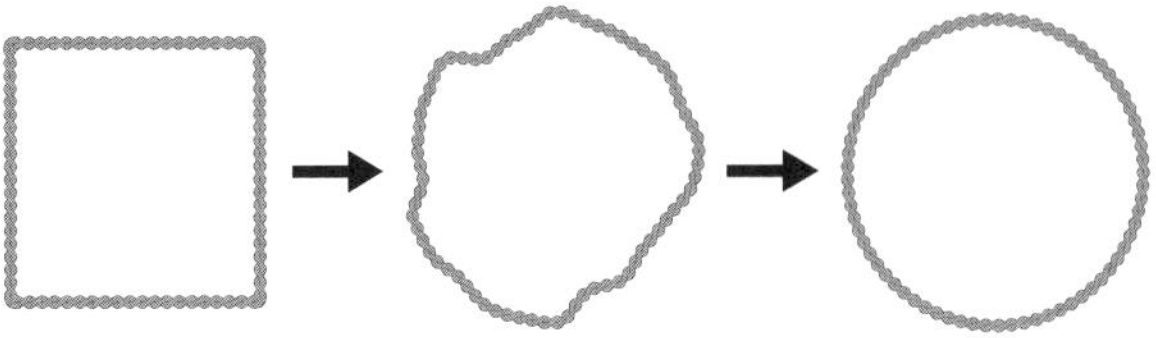

四角の辺がヒモのようにやわらかいと仮定すると、
丸に変形することができる。
このような二つの図形を **同相** と呼ぶ

単連結

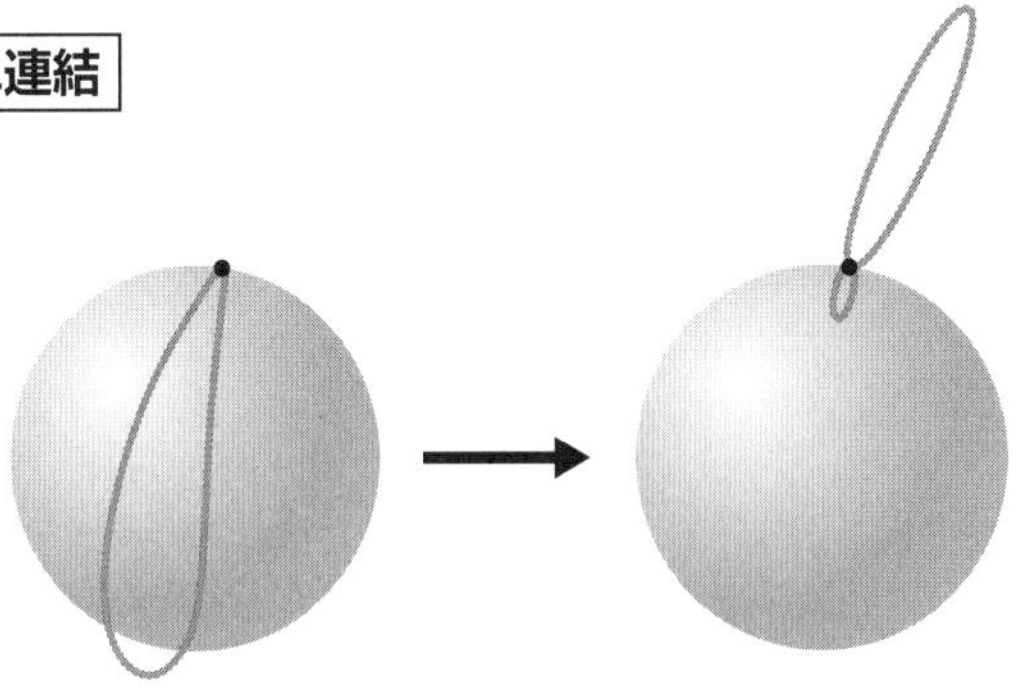

球面にどのようにヒモをかけても、
1点に回収することができる。
このような立体を **単連結** と呼ぶ

そして、この解説を聞いた数学者たちは3つのことに驚愕と落胆をしたと言われている。まず、ポアンカレ予想が解かれてしまったということ。次に、その解決方法が多くの数学者が使っていた位相幾何学のやり方ではなく、古い数学だと思われていた微分幾何学を用いていたこと。そして、その解説をまったく理解することができなかったということだ。

その後、3つの研究チームがペレルマンの証明を精査した結果、4年後の2006年にペレルマンの証明にはまったく間違いがないことが立証された。100年もの間解決できなかった難問「ポアンカレ予想」は、たった一人の天才数学者によって見事解決されたのである。

ミレニアム懸賞問題が解決されたので、ペレルマンには100万ドルの懸賞金が支払われることになった。また、数学界での最高の栄誉とされるフィールズ賞も与えられることになったが、なんとペレルマンは両方とも辞退してしまったのだ。

「この証明の正しさが理解されればそれでいい。それ以上の認識が私に与えられる必要はない」という。ともあれ、超難問と呼ばれた「ポアンカレ予想」の解決が、数学界の大きな出来事であったことに間違いはない。

【参考文献】

・『Newton』(ニュートンプレス)
・『日経サイエンス』(日本経済新聞出版社)
・『ナショナルジオグラフィック』(日経ナショナル ジオグラフィック社)
・『ゲノム編集の衝撃』NHK「ゲノム編集」取材班[著](NHK出版)
・『生物はなぜ誕生したのか 生命の起源と進化の最新科学』ピーター・ウォード、ジョセフ・カーシュヴィンク[著]梶山あゆみ[訳](河出書房新社)
・『日本人の9割が答えられない 理系の大疑問100』話題の達人倶楽部[編](青春出版社)
・『働かないアリに意義がある』長谷川英祐(メディアファクトリー)
・『ネアンデルタール人は私たちと交配していた』スヴァンテ・ペーボ[著]野中香方子[訳](文藝春秋)
・『植物は〈知性〉をもっている』ステファノ・マンクーゾ、アレッサンドラ・ヴィオラ[著]マイケル・ポーラン[序文]久保浩司[訳](NHK出版)
・『脳はなぜ都合よく記憶するのか 記憶科学が教える脳と人間の不思議』ジュリア・ショウ[著]服部由美[訳](講談社)
・『ゲーム脳の恐怖』森昭雄[著](NHK出版)
・『神秘の巨大ネットワーク』NHKスペシャル「人体」取材班(東京書籍)

【参考ホームページ】

NASA/京都大学iPS細胞研究所/WIRED/AFP/Real Clear Science/WEDGE/朝日新聞デジタル/産経新聞/東京大学/CNN.co.jp/BBC

青春新書
PLAYBOOKS

人生を自由自在に活動《プレイ》する

人生の活動源として

いま要求される新しい気運は、最も現実的な生々しい時代に吐息する大衆の活力と活動源である。

文明はすべてを合理化し、自主的精神はますます衰退に瀕し、自由は奪われようとしている今日、プレイブックスに課せられた役割と必要は広く新鮮な願いとなろう。

いわゆる知識人にもとめる書物は数多く窺うまでもない。

本刊行は、在来の観念類型を打破し、謂わば現代生活の機能に即する潤滑油として、逞しい生命を吹込もうとするものである。

われわれの現状は、埃りと騒音に紛れ、雑踏に苛まれ、あくせく追われる仕事に、日々の不安は健全な精神生活を妨げる圧迫感となり、まさに現実はストレス症状を呈している。

プレイブックスは、それらすべてのうっ積を吹きとばし、自由闊達な活動力を培養し、勇気と自信を生みだす最も楽しいシリーズたらんことを、われわれは鋭意貫かんとするものである。

―創始者のことば―　小澤和一

編者紹介
現代教育調査班〈げんだいきょういくちょうさはん〉
教育にまつわるさまざまな傾向、疑問について綿密なリサーチをかけるライター集団。ジャンルを問わず多様な情報を日々収集し、更新している。今回は日進月歩で進化し続けている理系の新説、新常識をテーマに調査している。

知《し》っていることの9割《わり》はもう古《ふる》い！
理系《りけい》の新常識《しんじょうしき》
青春新書 PLAYBOOKS

2019年3月20日　第1刷

編　者　現代教育調査班
発行者　小澤源太郎

責任編集　株式会社プライム涌光
電話　編集部　03(3203)2850

発行所　東京都新宿区若松町12番1号 〒162-0056　株式会社青春出版社
電話　営業部　03(3207)1916　振替番号　00190-7-98602

印刷・図書印刷　製本・フォーネット社

ISBN978-4-413-21131-4

青春新書 PLAYBOOKS

人生を自由自在に活動する――プレイブックス

今夜も絶品！
「イワシ缶」おつまみ
きじまりゅうた
お気楽レシピで、
おいしさ新発見！
P-1124

日本人の9割がやっている
残念な健康習慣
ホームライフ
取材班［編］
「体にいいと思って」が、
逆効果だった！
P-1125

50代で自分史上最高の
身体になる自重筋トレ
比嘉一雄
スクワット、腕立て、腹筋の
「BIG3」を1日5分でOK！
P-1126

S字フックで空中収納
ホームライフ
取材班［編］
もう「置き場」に困らない！
かける・吊るす便利ワザ
100以上のアイデア集。
P-1127

お願い ページわりの関係からここでは一部の既刊本しか掲載してありません。
折り込みの出版案内もご参考にご覧ください。

青春新書
PLAYBOOKS
青春出版社